BAND 02

Happy Huhn

Das Hühnerrassen-Buch

für Hühnerhalter und Rassezüchter

Näheres zu dieser Rasse finden Sie auf Seite 124!

Dieses Buch wendet sich an Hobbyhalter*innen, die Hühnerhaltung in kleinem Stil betreiben wollen, sowie an Züchter*innen, die sich für die Erhaltungszucht seltener Hühnerrassen, sowie die Rassezucht und das Schauwesen interessieren. Für Hühnerhalter aus der landwirtschaftlich-kommerziellen Tierzucht und Lebensmittelproduktion ist es aus verschiedensten Gründen (z.B. Hygienevorschriften, Lebensmittelproduktionsgesetze) in der Praxis weniger geeignet.

Haftungsausschluss

Autor und Verlag haben den Inhalt dieses Buches mit großer Sorgfalt und nach bestem Wissen und Gewissen zusammengestellt. Für eventuelle Schäden an Mensch und Tier, die als Folge von Handlungen und/oder gefassten Beschlüssen aufgrund der gegebenen Informationen entstehen, kann dennoch keine Haftung übernommen werden.

Gender-Erklärung

Aus Gründen der besseren Lesbarkeit verzichten wir im Cadmos-Verlag auf die gleichzeitige Verwendung der Sprachformen männlich, weiblich und divers (m/w/d) und wählen jeweils die männliche oder weibliche Form von personenbezogenen Hauptwörtern. Dies soll jedoch keinesfalls eine Geschlechterdiskriminierung oder eine Verletzung des Gleichheitsgrundsatzes zum Ausdruck bringen. Frauen, Männer und Diverse mögen sich von den Inhalten unserer Publikationen gleichermaßen angesprochen fühlen.

IMPRESSUM

LANDLEBEN im CADMOS Verlag

Covergestaltung, grafisches Konzept und Satz: Gerlinde Gröll, www.cadmos.de
Coverfotos: Robert Höck, Shutterstock/Tristan Tan, Lutz Windhövel
Fotos im Innenteil: Alle Bilder, die nicht mit einem Fotocredit versehen sind, stammen von Robert Höck
Illustrationen: Shutterstock/Svetsol, luma_art, Hein Nouwens

Lektorat: Christine Weidenweber

Druck: www.graspo.com

Deutsche Nationalbibliothek – CIP-Einheitsaufnahme

Die Deutsche Nationalbibliothek verzeichnet diese Publikation in der Deutschen Nationalbibliografie; detaillierte bibliografische Daten sind über http://dnb.ddb.de abrufbar.

Printed in EU

ISBN: 978-3-8404-3072-5

SPIEGEL Bestseller-Autor

Armin Six + Robert Höck

Happy Huhn

Das Hühnerrassen-Buch

für Hühnerhalter und Rassezüchter

BAND 02

Foto © Shutterstock/cynoclub

Näheres zu dieser Rasse finden Sie auf Seite 72!

LANDLEBEN

Seltene Rassen aufspüren ist eine Leidenschaft

Was ist eigentlich Erhaltungszucht? Teil 2

Hühnerrassen in diesem Band:

Inhalt.

Robert Höcks
„Happy Huhn"-
YouTUBE-Kanal
finden Sie unter
http://bit.ly/2oMBuFR

(1) Robert Höck hier beim Fototermin für die Sizilanischen Kronenkämme (Rasseportrait in Band 1).
(2) Roberts private Erhaltungszucht der Bayerischen Landzwerge (Rasseportrait in Band 1).

Seltene Rassen aufspüren, das ist eine Leidenschaft!

VORWORT VON ROBERT HÖCK

Liebe Leserinnen, liebe Leser,

dies ist nun schon der zweite Band, den wir in unserer Buchreihe mit dem Schwerpunkt Hühnerrassen präsentieren. Zuerst möchte ich mich daher bei allen „Wiederholungskäufern" für ihre Treue bedanken und es freut mich einfach von Herzen, dass viele offenbar immer noch Freude an der Hühnerhaltung haben und sich weiter über ihre gefiederten Lieblinge informieren möchten.

Begrüßen will ich aber auch ganz besonders jeden einzelnen Neueinsteiger in die Thematik Hühnerhaltung und Hühnerzucht, denn wir „Hühnerfreaks" können „Greenhorns" mit Tatendrang und Enthusiasmus momentan echt gut gebrauchen.

Der „Lockdown-Hühner-Hype", der zur Beginn der Gartensaison 2020 plötzlich losbrach, ist drei Jahre später wieder vorbei. Viele frischgebackene Hühnerhalter waren schon nach wenigen Wochen heillos überfordert mit dem Federvieh (was sich in den mit Hühnern überfüllten Tierheimen zeigte) und andere verloren wieder das Interesse, nachdem der Alltag zurückkam und ihnen schlichtweg die Zeit für eine gewissenhafte Tierhaltung oder gar ernsthafte Erhaltungszucht fehlte. Nur ein Teil der in Pandemiezeiten neu gegründeten Zuchten hat noch immer Bestand. Auch die Vogelgrippe und die damit einhergehende Stallpflicht, die in vielen Regionen zu einer ständig wiederkehrenden Einschränkung wurde, haben zweifelsfrei ihren Teil zum neuen Negativtrend beigetragen.

Information, Austausch, Organisation

Doch natürlich gibt es sie noch immer tausendfach, die enthusiastischen Hühnermenschen, denen es nichts ausmacht, jeden Abend während der Dämmerung zu Hause zu sein, weil ja die Stalltür zugemacht werden muss. Und die gerne den gefiederten Schützlingen im Winter dreimal täglich frisches Wasser bringen, wenn der Frost es dauernd

(3) Engagierte Jungzüchter, wie hier Lukas mit seinem Lakenfeldern-Zuchtstamm, geben Hoffnung für die Zukunft seltener Rassen. (4) Privat beschäftigt sich Robert Höck intensiv mit der Zukunft alter Hühnerrassen in der Landwirtschaft. Gemeinsam mit seinen Eltern hat er ein Projekt gestartet, in dem Amrocks, Marans, Exchequer Leghorn und Altsteirer in der Eierproduktion zum Einsatz kommen.

einfrieren lässt. Und die gemütliche Wochenenden auf der Couch gerne mit tagelangen Aufenthalten in kalten Hallen tauschen, wo die herbstlichen Ausstellungen zur Förderung der Geflügelzucht veranstaltet werden. Letztere – also die Geflügelschauen – hängen aktuell seuchenbedingt, aufgrund der immer schlimmer wirkenden Folgen durch die Vogelgrippe, sehr in der Schwebe und es ist anzunehmen, dass das Schauwesen in den nächsten Jahren massiv umgekrempelt wird. Umso wichtiger ist es, dass man sich auch außerhalb der Shows gute Informationen über Hühnerrassen holen kann und gute Vergleichsmöglichkeiten, z. B. in den klassischen Printmedien wie eben diesem Buch, findet. Wir haben wieder unser Bestes gegeben und einen ganzen Pulk neuer, spannender Hühnerrassen in diesem Band vereint. Von der Rettung der Pawlowskaja, die einem Krimi gleicht, bis hin zur Transformation der Jersey Giants vom „Putenhuhn" zum Selbstversorger-Liebling, spannt sich ein breit gefächerter Bogen an Geschichten. Auf ausgewählten Bildern sind besonders hübsche Tiere von den Ausstellungen zu sehen, die auch deshalb in die Bebilderung mit hineingenommen wurden, weil sie die jeweiligen Rassemerkmale sehr gut veranschaulichen. Wer weiß, vielleicht müssen solche Fotos in Zukunft schon als historische Dokumente gewertet werden.

Wir Hühnerfans sollten aber nicht den Teufel frühzeitig an die Wand malen und uns stattdessen in den nächsten Jahren bewusst auf die Erhaltungszucht unserer Rassen konzentrieren, während die großen Schauen einfach mal etwas in den Hintergrund rücken müssen. Dank des Internets können wir uns auch ohne große Veranstaltungen austauschen und organisieren. In diesem Sinne gilt mein abschließender Dank zukunftsweisend all Jenen, deren Herz in erster Linie für die Tiere und deren Fortbestand schlägt und allerhöchstens an zweiter Stelle für eine gute Schaubewertung.

Robert Höck im März 2023

Was ist eigentlich Erhaltungszucht? (Teil 2)

EINE DEFINITION VON ARMIN SIX

Grundlagen der Erhaltungszucht

Ging es in der Einleitung zum ersten Band primär darum, wie man Erhaltungszucht definieren kann und was ihre Zielsetzung ist, soll der Fokus nun auf der Frage liegen, nach welchen Kriterien eine Erhaltungspopulation ausgewählt und weiter züchterisch bearbeitet werden soll.

Wie in Band 1 dargestellt, kann sich Erhaltung auf den Phänotyp, den Genotyp oder auch besondere spezifische Merkmale beziehen. Wie diese Zielsetzungen im Einzelnen gewichtet werden, hängt von der jeweiligen Rasse und ihren Zuchtschwerpunkten ab. So stehen bei einer reinen Zierrasse sicherlich die phänotypischen Merkmale im Vordergrund, während bei einer Leistungsrasse dem Genotyp besondere Bedeutung zukommen sollte, denn nur er gewährleistet die dauerhafte Sicherung der gewünschten Leistungseigenschaften.

Das darf aber nicht dazu führen, dass die jeweils anderen Zielsetzungen unberücksichtigt bleiben. So ist ein europäisches Haubenhuhn, in das zur „Verbesserung" der Farbe Rassen ost- oder südostasiatischer Herkunft eingekreuzt wurden, nur noch sehr bedingt die alte Rasse, auch wenn es nach ein paar Generationen wieder so aussehen sollte. Gleiches gilt für ein Wirtschaftshuhn, das zwar genetisch nach wie vor seiner Ursprungspopulation gleicht, sich durch einseitige Selektion auf Leistungsmerkmale aber bis zur Unkenntlichkeit verändert hat. Und Bergische Kräher, in die zur Steigerung des Krährufes unverwandte Langkräher aus Asien hineingenommen wurden, mögen zwar besser krähen; eine europäische Langkräherrasse sind sie dann aber nicht mehr.

Welche „Rasse in der Rasse" soll erhalten werden?

Erster Schritt einer Erhaltungszucht ist immer die Definition der zu erhaltenden Rasse. Das mag auf

(1) Privat setzt sich Armin Six beispielsweise sehr für das zunehmend gefährdete Rheinländer-Huhn ein, für welches im ursprünglichen schwarzen Farbenschlag (links) aktuell ein eigenständiges Erhaltungszucht-Projekt initiiert wird. (Portrait in Band 1)
(2) Gemeinsam mit seiner Frau Füsun züchtet Armin Six privat seltene Rassen wie diese Zwerg-Houdan in Schwarz-Weißgescheckt.
(3) Auch die Zwerg-Rheinländer, hier im Farbenschlag Rebhuhnhalsig, sind im Bestand rückläufig.

den ersten Blick verwirrend erscheinen, sollten doch Rassen eigentlich klar definierte Einheiten sein. Aber genau das sind sie nicht. Als Folge der intensiven Farbzucht seit Beginn des 20. Jahrhunderts (oder besser: Farbkreuzungszucht, denn ohne Einkreuzungen konnten die vielen neuen Farbenschläge nicht entstehen), sind die Rassen als Einheiten zunehmend aufgelöst worden. So haben die einzelnen Farbenschläge einer standardisierten Rasse zuweilen nur noch wenig bis fast gar nichts mehr miteinander zu tun. Naturgemäß zeigt sich das besonders bei häufigen Rassen mit vielen Farbenschlägen wie z. B. den Italienern. Ihre ursprünglichen Varianten sind zwar noch relativ nah miteinander verwandt, doch bilden bereits sie infolge unterschiedlicher Einkreuzungen verschiedener europäischer Rassen im Neighbor-Joining* keine Einheit mehr. Würde man nun alle anerkannten Farbenschläge der Italiener typisieren, die z. T. unter Cochin-, Rhodeländer-, Sussex- oder Wyandotten-Einfluss entstanden sind, wäre eine gestreute Verteilung über mehr als die Hälfte des Verwandtschafts-Dendrogramms*, vom europäischen Zweig über die Zwischentyprassen bis hin zu den Rassen im halbasiatischen Typ, zu erwarten. Da der Rassebegriff hier auf eine Liste phänotypischer Merkmale reduziert wurde, besteht die Einheit nur noch hinsichtlich des Erscheinungsbildes, nicht jedoch des Genotyps, der Leistungsmerkmale und der Wesenseigenschaften.

> Es muss im Vorfeld eines Erhaltungszuchtprojektes genau eruiert werden, welche Farbenschläge ursprünglich sind und bei einem eventuellen Aussterben nicht wieder rekonstruierbar wären. Nur sie sind für ein solches Projekt geeignet.

Einkreuzungen ja oder nein?

Einkreuzungen und Erhaltungszucht. Wie geht das zusammen? Das ist sicherlich rein intuitiv der erste Gedanke, der sich zu diesem Thema aufdrängt. Und in Bezug auf die bereits genannten „Farb"- und „Verbesserungs"-Kreuzungen trifft das zweifellos auch zu. Doch ganz so einfach ist es nicht. Alte und seltene Rassen sind oft stark ingezüchtet und in dieser Hinsicht mit vielerlei physischen und reproduktiven Problemen behaftet. Auch kann es sein, dass sich durch die unvermeidliche Inzucht negative Verhaltens- und Wesenseigenschaften mit hoher Frequenz manifestiert haben. In solchen Fällen ist es zumeist zielführender, eine geeignete Einkreuzung vorzunehmen, als den langwierigen und ungewissen Versuch zu unternehmen, diese Probleme auf rein selektivem Weg zu lösen. Entscheidend ist, dass dazu eine Rasse verwendet wird, die einerseits die Variation erhöht und andererseits den Genpool so wenig wie möglich verändert. Das heißt, es kommen ausschließlich die nächstverwandten Zuchtformen in Frage.

1a
1b
1c
1d

(1) Rassen mit prägnanten Spezialmerkmalen sollten stets mit Weitblick gezüchtet werden, wie z. B. Zwerg-Paduaner mit Haube und Bart (a), Brahma mit befiederten Läufen und Geierfersen (b), die extrem kleinwüchsigen Ayam Serama (c) oder gelockte Chabo (d).
(2) Bei Haubenhühnern sollte die Haube immer ausreichend Sichtfreiheit gewährleisten, so wie bei dieser Zwerg-Houdan-Henne aus der Zucht des Verfassers.
(3) Besonders wichtig für die Erhaltungszucht sind aus genetischer Sicht Hühnerrassen, die bereits vor dem 19. Jahrhundert existierten. Dazu gehört beispielsweise das Lakenfelder-Huhn (siehe Band 1).

Unterschätzte Gefahr: Einkreuzung ursprungsfremder Populationen

Leider kommt es mit Blick auf nur einzelne ausstellungsrelevante Merkmale immer noch – und derzeit sogar wieder verstärkt – zu Einkreuzungen völlig unverwandter Populationen, die das Profil einer Rasse signifikant verändern. Und das, obwohl es mittlerweile verschiedene genetische Untersuchungen gibt, die es ermöglichen, zumindest die Verwandtschaftsgruppe der meisten auch nicht direkt typisierten Rassen zu ermitteln. Die unbedachte und völlig unnötige Einkreuzung ursprungsfremder Populationen stellt neben dem Verlust von Züchtern und Zuchttieren aktuell die größte Gefahr für alte und seltene Rassen dar. Denn haben sich entsprechende Zuchtlinien erst einmal verbreitet, ist der Prozess im Regelfall irreversibel.

> Grundsätzlich kann gesagt werden, dass es für den Erhalt alter Rassen besser wäre, wenn viel häufiger zwischen verwandten Zuchtformen ausgetauscht und auf die Kreuzung mit unverwandten Rassen komplett verzichtet würde.

Übertypisierungen vermeiden

Erhaltung heißt auch, die Vitalfunktionen und das damit verbundene Normalverhalten der Tiere zu erhalten. Das bedeutet, dass Tiere mit Übertypisierungen wie z. B. übergroßen Hauben ohne Sichtfreiheit oder starker Laufbefiederung, die eine problemlose Fortbewegung erschwert, bei den betreffenden Rassen nicht zur Zucht eingesetzt werden sollten. Besonders Erhaltungszuchtprojekte mit genauer Abstammungskontrolle und dokumentiertem Zuchttieraustausch ermöglichen es, solche tierschutzrelevanten Probleme innerhalb weniger Generationen zu beheben.

Armin Six im März 2023

Trotz ihres Namens wurden die Modernen Englischen Kämpfer, ebenso wie ihre Zwergforn hier, während ihrer 170 Jahre andauernden Zuchtgeschichte nie für Hahnenkämpfe eingesetzt.

Englische Rassen

Auch im zweiten Band der Happy-Huhn-Hühnerrassen beginnen wir mit den Englischen Rassen.

Nachdem im ersten Band die basalen und mehr landhuhnartigen Altenglischen Kämpfer ausführlich porträtiert wurden, folgt nun ihre moderne Variante mit höherer Stellung und vergleichsweise eleganterem Körperbau.

Moderne Englische Kämpfer

Moderne Englische Kämpfer stammen zwar von Kampfhühnern ab, waren jedoch seit Beginn ihrer Geschichte eine reine Show-Rasse. Die langgestreckten, zutraulichen und stets neugierigen Hühner erwecken beim Betrachter sofort den Eindruck eines Stelzvogels, und Vergleiche mit dem zu den Greifvögeln gehörenden afrikanischen Sekretär drängen sich fast automatisch auf.

Herkunft und Entstehung: Die „Modern Game", wie sie in England heißen, verdanken ihre Entstehung dem Verbot des Hahnenkampfes im Jahr 1849. Damals stand die Frage im Raum, wie es mit der traditionellen englischen Kampfhuhnrasse, den heutigen Altenglischen Kämpfern, weitergehen sollte. Während einige Züchter am alten Habitus festhalten und ihn in das Schauwesen integrieren wollten, schwebte anderen ein eleganterer, farblich besser durchgezüchteter Typ vor, der dann mithilfe von Malaien kreiert wurde: Die Modernen Englischen Kämpfer, die man vor diesem Hintergrund sicher ebenso unter die Rassen gemischter Herkunft einordnen könnte. Da jedoch die europäischen Malaien bereits einen signifikanten Input Altenglischer Kämpfer haben, dürfte dieser bei den „Modern Game" in der Summe deutlich überwiegen, weshalb dann doch die Eingruppierung an dieser Stelle erfolgt.

Erscheinungsbild: Moderne Englische Kämpfer sind hoch gestellte Hühner mit stolzer Haltung, langem Hals, langen Läufen, eleganter Linienführung, hartem, kurzem Gefieder, Einfachkamm, roten Ohrlappen und je nach Farbenschlag gelben, weidengrünen, grünschwarzen oder schwarzen Läufen.

Anerkannte Farbenschläge sind:

- Goldhalsig, Blau-Goldhalsig, Silberhalsig, Blau-Silberhalsig, Silberhalsig mit Orangerücken, Rotgesattelt
- Gold-Weizenfarbig
- Orangebrüstig, Blau-Orangebrüstig, Birkenfarbig, Blau-Birkenfarbig
- Schwarz, Weiß und Blau

Leider haben alle Farbenschläge nur eine geringe Zuchtbasis.

Leistungseigenschaften: Moderne Englische Kämpfer waren nie als Legehuhn konzipiert. Daher ist ihre Leistung mit 40–90 Eiern auch eher gering. Es ist also wichtig, stets genug Eier für die Reproduktion zu sammeln, denn eine Zuchtsaison kann hier schneller wieder vorbei sein als angenommen. Die Eier sind cremefarben, eher rundlich proportioniert und wiegen mindestens 50 g.

Wesenseigenschaften: Viele Kampfhühner sind nur gegenüber Artgenossen aggressiv, bauen aber zu ihrem Halter eine starke Bindung auf. So auch die „Modern Game". Sie sind neugierig, aufmerksam, zutraulich und von eher ruhigem Wesen. Ihr Flugtrieb ist weniger stark ausgebildet als bei ihren Altenglischen Vettern.

Bruttrieb: Der Bruttrieb ist grundsätzlich vorhanden, kommt aber nicht bei jeder Henne zur Ausprägung. In einer Gruppe mit mehreren Hennen ist die Chance jedoch groß, regelmäßig Glucken zu erhalten. Aufgrund ihrer knappen Befiederung möchten wir dazu raten, die Hennen allenfalls im Sommer brüten zu lassen. Sie wärmen ihre Küken oft nicht ausreichend.

Empfehlungen für Zucht und Haltung: Moderne Englische Kämpfer stellen keine besonderen Ansprüche an Stall und Auslauf. Man sollte jedoch darauf achten, die Sitzstangen nicht zu hoch anzubringen, damit die relativ langbeinigen Tiere sich beim Herunterfliegen nicht verletzen. Wie bei anderen Kämpfern auch kann das Halten mehrere Hähne in einer Gruppe problematisch werden. Daher sollte man sie rechtzeitig trennen. Da bei allen Farbenschlägen die Tierzahlen nur klein sind, empfiehlt sich ein Zuchttieraustausch speziell zwischen verwandten Farbbildern wie den auf der Birkenfarbe (E^R) basierenden Orangebrüstigen, Blau-Orangebrüstigen, Birkenfarbigen und Blau-Birkenfarbigen oder den auf der Wildfarbe (e^+) beruhenden Goldhalsigen, Blau-Goldhalsigen, Silberhalsigen, Blau-Silberhalsigen, Silberhalsigen mit Orangerücken und Rotgesattelten.

Zwergform: Auch die Modernen Englischen Zwerg-Kämpfer (gelegentlich kurz MEZK genannt) sind eine reine Showrasse. Sie entstanden in England schon kurz nach der Großform bei dem für zahlreiche Verzwergungen bekannten Fachbuchautor William Flamank Entwisle. Aus dessen Zucht stammen auch die Zwerg-Malaien und Indischen Zwerg-Kämpfer, an deren Entstehung die Modernen Englischen Zwerg-Kämpfer beteiligt waren.

Als sicher kann gelten, dass kleine Tiere der Großrasse ihre Basis bildeten. Welche Zwergrasse jedoch noch hinzukam, ist nicht überliefert. Betrachtet man aber das geringe Gewicht der MEZK von nicht viel mehr als 500 g und führt sich vor Augen, welche Rassen für einen solchen Zweck damals überhaupt vorhanden waren, fällt es nicht schwer, die Sebright (Siehe Band 1) als zweite maßgebliche Komponente zu identifizieren.

Die Zwergform ist deutlich häufiger als die Großrasse und so ist es nicht verwunderlich, dass sie auch über ein größeres Farbenspektrum verfügt. Zu den für die Großen bereits Genannten kommen hier noch Blau-Silberhalsig mit Orangerücken, Silber-Weizenfarbig, Gesperbert, Kennfarbig und Rebhuhnfarbig mit weißen Federspitzen hinzu.

Die Legeleistung ist im Bereich von 40–100 cremefarbigen bis hellbraunen Eiern mit einem Gewicht von mindestens 30 g einzuordnen, wobei die besten Leistungen von den Schwarzen erbracht werden. Der Bruttrieb ist mit deutlicher

Eine Henne (1) und ein Hahn (2) der Modernen Englischen Zwergkämpfer im Farbschlag Weiß.
In Kennfarbig (3) haben Moderne Englische Zwerg-Kämpfer durchaus Seltenheitswert, doch dieses Farbbild steht ihnen gut!
MEZK-Hahn (4) im Farbschlag Silber Weizenfarbig.
Moderne Englische Zwergkämpfer (5) sind von Natur aus forsch und abenteuerlustig. Diese beiden haben eine alte Gartenbank als Turngerät entdeckt.
Fans der Modernen Englischen Zwergkämpfer schätzen insbesondere den zutraulichen Charakter dieser außergewöhnlichen Zwerghühner. (6)

Frequenz vorhanden, doch sollte aufgrund der knappen Befiederung und geringen Größe möglichst keine Naturbrut erfolgen. Die Hennen neigen öfters zu Legenot und so kommt es immer wieder zu Sterbefällen aufgrund von Legedarmvofall oder Ähnlichem. Man sollte die Tiere also während der Legeperiode kontinuierlich im Auge behalten.

Verglichen mit der Großrasse sind die Zwerge überraschend kälteempfindlich, was sicherlich auch mit ihrem geringem Körpervolumen zusammenhängt, denn ein kleiner Körper speichert weniger Wärme. Daher sollte der Stall gut isoliert sein und benötigt im Winter gegebenenfalls eine Heizung, um die knapp befiederten Tiere vor Frost zu schützen. Erfreulich ist, dass die Junghähne untereinander vergleichsweise verträglich sind und es bei ausreichend Platz meistens kein Problem ist, sie gemeinsam in einer Gruppe großzuziehen.

Ein prachtvoller schwarzer Holländer Weißhauben-Hahn.

Hauben- und Sprenkelhühner

Die nah verwandten Hauben- und Sprenkelhühner wurden seit dem späten Mittelalter aus Ost- und Südeuropa in den mitteleuropäischen Raum eingeführt.

Diese beiden Gruppen nahmen neben den west- und mitteleuropäischen Rassen bereits im ersten Band eine zentrale Stellung ein, was die besondere historische Bedeutung dieser Verwandtschaftsgruppen für die Entwicklung der europäischen Haushuhnzucht widerspiegelt.

Haubenhühner

Mit den Holländischen Haubenhühnern und Sultanhühnern präsentieren wir nach den Paduanern und Houdan zwei weitere Vollhaubenhühner, während die Appenzeller Spitzhauben und Pawlowskaja wie die in Band 1 beschriebenen Brabanter (Seite 48) nach oben gerichtete Hauben zeigen.

Im kontrastreichen schwarzen Farbschlag mit weißer Haube haben die Holländischen Haubenhühner eine unvergleichliche Fernwirkung.

Holländische Haubenhühner

Zu den anmutigsten und elegantesten Erscheinungen innerhalb der Haubenhuhnfamilie zählen sicherlich die Holländischen Haubenhühner. Schon in früheren Jahrhunderten galten sie als Inbegriff einer ungewöhnlich aussehenden, besonderen Hühnerrasse, deren Zucht viel Sorgfalt und Fachwissen erfordert. Die große Federhaube, die bei den Hennen ballförmig aufgebaut ist, beim Hahn jedoch locker und fransig auseinander fällt, ist ein regelrechter Blickfang. Bei den meisten Farbenschlägen der Weißhauben wird sie optisch noch dadurch betont, dass sie mit ihrer weißen Färbung in einem starken Kontrast zum restlichen Körpergefieder steht.

Diese überaus plakative Farbgebung erweist sich immer wieder als besonders geeignet, um Neueinsteiger für die Hühnerzucht und -haltung zu begeistern. Sehr augenscheinlich wird das auf diversen Social-Media-Plattformen, wo Accounts, die sich alleine den Holländer Weißhauben widmen, oft Follower im sechsstelligen Bereich verbuchen können.

Herkunft und Entstehung: Erste Darstellungen weißhaubiger Hühner finden sich auf einem Gemälde des niederländischen Tiermalers Jan Monckhorst aus dem Jahr 1657, das u. a. eine weißhaubige schwarze Henne zeigt. Damals fand jedoch noch keine Trennung der verschiedenen Haubenhuhntypen und Zeichnungen statt; diese erfolgte erst sehr viel später anlässlich des 1. Deutschen Geflügelzüchtertages 1869 in Dresden. Und selbst diese Einteilung gilt auch nur für das kontinentale Europa, denn im angelsäch-

sischen Sprachraum werden abweichend davon Paduaner und Holländische Weißhauben unter dem Namen „Polish" bzw. „Polands" zusammengefasst, die dann in verschiedenen Farbvarianten sowohl bärtig als auch bartlos (Bearded bzw. Non-Bearded Polish) sowie schwarz- oder weißhaubig und dann bartlos (Black- bzw. White-Crested Polish) vorkommen können.

Genetisch zeigen die Weißhauben verschiedener Farbenschläge erwartungsgemäß die meisten Gemeinsamkeiten mit den Paduanern, deren Schwesterrasse sie in der Neighbor-Joining-Analyse bilden und mit denen sie eine ähnliche Clusterung (ca. 50 % Westeuropa, 40 % Osteuropa und 5 % Westasien-Nordostafrika) teilen.

Schwarzhauben kamen wohl schon früher vor, verschwanden jedoch komplett und wurden zu Beginn des 20. Jahrhunderts in den Niederlanden neu erzüchtet. Nicht zuletzt aufgrund ihrer schwierigen Zucht sind sie bis heute sehr selten geblieben.

Erscheinungsbild: Holländische Haubenhühner zeigen eine elegante Landhuhnform mit fließenden Linien, feingliedrigem Knochenbau, schwarzen bis perlgrauen Läufen und weißen Ohrscheiben. Im Gegensatz zu den meisten ihrer Verwandten sind sie bartlos. Der Kamm wird kaum ausgebildet, doch handelt es sich wie bei den Paduanern genetisch um einen extrem reduzierten Hörnerkamm. Blickfang ist natürlich die langfiedrige Vollhaube, die beim Hahn strahlen- und bei der Henne kugelförmig ausgebildet ist. Bei den Weißhauben ist die Haubenfront über dem Schnabel wie das Körpergefieder gefärbt, was als „Schnippe" oder „Schmetterling" bezeichnet wird.

Kreuzungen zwischen schwarzen und weißen Zwerg-Weißhauben ergaben als neue Variante Farbhauben, bei denen die Haube die gleiche Färbung wie das Körpergefieder aufweist (vgl. Non-Bearded Polish). Das lässt auf ein weitgehend rezessives Allel zur Ausprägung der weißen Haubenfarbe schließen, dass wir hier wcr (White crested) nennen wollen und dass bei den Weißen nicht zwingend vorhanden sein muss. Denn bei ihnen reicht der Faktor c (rezessives Weiß) zur Entfärbung des gesamten Körpergefieders völlig aus. Bei der Kreuzung weißer und farbiger Weißhauben kann dann der Genotyp $Wcr^{+}wcr\ C^{+}c$ entstehen und es kommen die beiden dominanten Allele Wcr^{+} (für die Ausfärbung der Haube) und

(1) Zwerg-Holländer Haubenhahn in Schwarz-Weiß Gescheckt. (2) Diese Zwerg-Holländer Hauben-Küken sind erst 5 Wochen alt und zeigen bereits eine stark ausgeprägte Haubenbildung. (3) Bei den Hähnen der Holländischen Haubenhühner wirkt die Haube deutlich lockerer und „fransiger" als bei den Hennen. (4) Diese Fotomontage kann grob veranschaulichen, wie Holländische Haubenhühner einer künftigen Zuchtrichtung mit Schwerpunkt auf Sichtfreiheit aussehen könnten. (5+6) Nervenstärke beweist dieser Zwerg-Holländer Haubenhahn bei der Begegnung mit einer frechen Katze. Durch die Einschränkung ihrer Sichtfreiheit ist generell anzunehmen, dass Haubenhühner stark benachteiligt sind, wenn ihre potentiellen Feinde auf den Plan kommen.

C^+ (für die Färbung des Körpergefieders) zum Vorschein.

Komplizierter ist der Vererbungsmodus bei den Schwarzhauben, bei denen sich die schwarze Färbung von der Haube bis in den Oberhals ausdehnt. Langjährige Züchter berichten immer wieder, dass es praktisch unmöglich sei, Schwarzhauben reinerbig zu züchten und sich der Anteil von schwarzhaubigen Tieren in der Nachzucht nur zwischen 10 % und maximal 50 % bewegt. Warum das so ist, kann auch hier nicht abschließend beantwortet werden, aber vielleicht gibt ja die Entstehungsgeschichte dieser außergewöhnlichen Farbvariante ein wenig Aufschluss darüber. Die Basis der Schwarzhauben bildeten Weißhauben und silber-schwarzgetupfte Eulenbarthühner, bei denen bereits eine dunkle Kopfzeichnung vorlag. Hinzu kamen weiterhin Lakenfelder, deren dunkle Kopf- und Halsfärbung, verursacht durch den Eumelanin-Verstärker Charcoal (Cha) auf Basis von Columbia (e^b Co), die Haubenfarbe verstärkt. Die von den Eulenbarthühnern eingebrachte Tupfung (Pg Db Ml) verhindert jedoch, dass die typische Lakenfelderzeichnung mit schwarzem Schwanz und komplett schwarzem Hals ausgebildet wird. Eine mögliche Erbformel wäre danach e^b Co Pg Db Ml Cha. Die züchterische Schwierigkeit würde nun darin bestehen, die Tupfung im Körpergefieder möglichst weit zurückzudrängen, das Pigment im Kopf und Oberhals jedoch zu intensivieren. Ein Balanceakt, der auf dem Zusammenwirken zahlreicher modifizierender Gene beruht und immer nur ein Kompromiss sein kann. Gezüchtet werden die Weißhauben in Schwarz, Weiß, Blau-Gesäumt, Gesperbert und Schwarz-Weißgescheckt, die Schwarzhauben in Weiß.

Leistungseigenschaften: Obwohl oft als reine Zierrasse betrachtet, legen die Hennen jährlich ca. 150 weiße, mindestens 45 g schwere Eier.

Wesenseigenschaften: Holländische Haubenhühner sind wie ihre Verwandten sehr zahm und zutraulich. Haben sie im Kükenalter gute Erfahrungen gemacht, sind es Hühner, die zum Kaffeetisch im Garten kommen und vom Kuchen naschen, gerne auf der Schulter des Halters ruhen und auch mal neugierig ins Haus spazieren, wenn man die Haustür offen stehen lässt. Zudem sind sie sehr friedlich und untereinander verträglich. Bedingt durch ihre Haube sind sie nicht sehr flugaktiv und ihr Platzbedarf nicht übermäßig groß.

Holländer Haubenhühner können ausgesprochen zahm werden. Hier suchen Hahn und Hennen regelmäßig Kontakt zu den beiden Mädchen.

Bruttrieb: Der Bruttrieb ist teilweise vorhanden, kommt aber dann oft erst spät zur Ausprägung. Vielfach sind Holländische Haubenhühner sehr nervöse, gestresst wirkende Glucken, was mit dem durch die Haube eingeschränkten Sichtfeld zusammenhängen kann. Ein etwas ausgedehnterer Haubenschnitt zur Seite hin kann hier helfen, denn je mehr die Glucke sieht, umso ruhiger wird sie.

Empfehlungen für Zucht und Haltung: Aufgrund ihres zutraulichen Wesens und ihres vergleichsweise geringen Platzbedarfs sind Holländische Haubenhühner sehr gut als Gartenhühner oder sogar „pet animals" geeignet. Ihr eher aufdringliches und unbekümmertes Wesen passt sehr gut zu „behüteten Haltungsformen". Für die große Freiheit auf dem Bauernhof eignen sie sich jedoch weniger, da sie Greifvögel am Himmel später wahrnehmen als unbehaubte Hühner. Gepflegte Gärten oder Zuchtvolieren sind ein besseres Zuhause für die altehrwürdigen Schönheiten, auf die man immer auch ein bisschen aufpassen muss.

Ihr Wesen ermöglicht es zudem, mehrere Hähne gemeinsam zu halten. Bei der Vergesellschaftung mit anderen Rassen sollten diese jedoch nicht sehr dominant sein, da ansonsten die friedlichen Haubenhühner darunter leiden. Die Haube muss regelmäßig auf das Vorkommen von Parasiten wie Läuse oder die Nordische Vogelmilbe untersucht werden. Wird sie an den Seiten zu umfangreich und schränkt das Sichtfeld ein, ist es sinnvoll, sie zu stutzen, am besten nach jeder Mauser.

Bei der Zusammenstellung der Zuchtstämme sollte immer darauf geachtet werden, dass die Tiere ausreichend Sichtfreiheit haben und Tiere mit sehr großen Hauben nicht miteinander verpaart werden.

> Die Ausläufe der Holländischen Haubenhühner sollten sauber und trocken sein, um Verschmutzungen der Haube zu vermeiden. Auch empfehlen sich Netze und partielle Überdachungen, um geschützte und konstant trockene Areale zu schaffen.

Zwergform: Nachdem zuvor Zwerg-Weißhauben aus England auf den Kontinent eingeführt wurden, die man aber als zu groß erachtete, erfolgte ab 1909 in Deutschland eine unabhängige Verzwergung aus der Großrasse und Bantam, zunächst im schwarzen Farbenschlag. Später kamen dann nach und nach auch Weiße, Schwarz-Weißgescheckte, Gesperberte, Blau-Gesäumte, Gelbe und Dunfarbige hinzu. Letztere besitzen den unvollständig dominanten Faktor ID (Dun), der im spalterbigen Zustand (ID i^+) die als Dun bezeichnete falbe Färbung hervorbringt und homozygot (ID ID) zu khakifarbenen Tieren führt. Die Schwarzhauben werden nur im weißen Farbenschlag gezüchtet. Alle diese Varianten sind zudem auch mit gestrupptem Gefieder anerkannt. Die bereits oben beschriebenen Farbhauben, im Zwergformat in den Niederlanden in Schwarz, Blau-Gesäumt und Gesperbert gezüchtet, kommen mittlerweile auch in Deutschland und der Schweiz vor.

Auch die-Hennen der Zwergform brüten eher selten; ihre Legeleistung liegt bei jährlich etwa 100–180 weißen, mindestens 35 g schweren Eiern. Holländische Zwerg-Haubenhühner sind genau wie die Großrasse von ruhigem, zutraulichem Wesen. Bezüglich Zucht und Haltung gelten dieselben Empfehlungen.

(1) Sultanhühner zeigen mehrere Spezialmerkmale, die an diesem Hahn zu sehen sind: Federhaube, Hörnerkamm, Bart, Fußbefiederung und Geierferse.
(2) Die Hähne gelten als eher krähfaul,
doch ihr Krähruf klingt zumeist sehr melodisch und ist weitum zu hören.

Sultanhühner

Als „Palasthühner", denn genau das ist die wörtliche Übersetzung des Originalnamens „Saray tavuk", kamen Sultanhühner 1854 mit einem Schiff aus dem türkischen Istanbul nach London. Sie sollen, so wurde überliefert, im Palast des osmanischen Sultans als ganz besonders wertvolle Zierhühner gehalten worden sein.

Herkunft und Entstehung: Bei diesen „Palasthühnern" handelte es sich um weiße Hühner mit Haube, Bart, Hörnerkamm und Fußbefiederung. Ähnliche Tiere waren bereits zuvor auf dem europäischen Festland bekannt und wurden dort, je nach Färbung und Region, als „Blaugraue türkische Hühner", „Schweizerhühner" oder „Silberhühner" bezeichnet.

Die englische Linie galt als ungemein widerstandsfähig und unempfindlich. Ihr Erscheinungsbild legt nahe, dass es sich bei ihnen um eine weiße Variante aus dem Verwandtschaftskreis der Pawlowskaja als Urform der Haubenhühner handelte, die sich im Osmanischen Reich besonderer Beliebtheit erfreute. Ob diese Tiere bereits fünfzehig waren, ist nicht belegt; vermutlich kamen sie sowohl vier- als auch fünfzehig vor.

Da in Deutschland nur geringe Restbestände die beiden Weltkriege überlebten, erfolgte hier ein Neuaufbau der Zucht unter Zuhilfenahme von Breda, Paduanern, Houdan, Federfüßigen Zwerghühnern und Seidenhühnern. In welchem Umfang die letzten Originalbestände daran beteiligt waren, ist unklar und lässt sich auch auf der genetischen Ebene nicht überprüfen, da eine typische Haubenhuhn-Clusterung sowohl von den ursprünglichen Sultanhühnern als auch deren nahen Verwandten herrühren kann.

Wegen ihrer großen Hauben, die die Sichtfreiheit einschränken, und der reinweißen Farbe sind Sultanhühner in raunvogelsicheren, ordentlich gepflegten Ausläufen am besten aufgehoben.

Und dieses Haubenhuhn-Muster konnte für zwei Drittel des heutigen Genoms auch nachgewiesen werden: Mit jeweils ca. 30 % west- und osteuropäischem sowie 5 % westasiatisch-nordafrikanischem Anteil entspricht die Relation dieser Komponenten exakt jener anderer Haubenhühner. Das übrige Drittel wird durch verschiedene asiatische Cluster, besonders das Seidenhuhn- und Zwerg-Cochin-Cluster, gebildet, was den Anteil der Seidenhühner am Neuaufbau der mitteleuropäischen Zucht anschaulich belegt. Während die Situation in Deutschland unklar ist, hat die englische Zucht zweifelsfrei überlebt. Doch kam es wohl auch hier zur Einkreuzung von Seidenhühnern, was ein etwa 35 % umfassender Anteil asiatischer Komponenten nahelegt (WRAGG et al. 2012; SIWEK et al. 2013).

In die USA kamen Sultanhühner 1867. Auch hier konnten sie sich bis heute erhalten. Es wurden lediglich kurz nach der Einfuhr Paduaner zur Minimierung der Inzucht eingekreuzt. Die amerikanischen Tiere sind, ebenso wie die ersten Englischen, mit 2,75 kg für den Hahn und 1,8 kg für die Henne größer als die heutigen europäischen Populationen, deren Standardgewicht 1,5–2 bzw. 1,0–1,5 kg beträgt. Sie werden in Weiß, Schwarz und Blau gezüchtet und gelten als Leger großer, weißer Eier. Sie sind von den heutigen Zuchtformen sicherlich die ursprünglichsten und daher von besonderem Wert.

Erscheinungsbild: Sultanhühner zeigen mit voll entwickelter Federhaube, Bart, Hörnerkamm, Fußbefiederung und Fünfzehigkeit alle speziellen Merkmale der Haubenhuhnfamilie. Dabei sind sie recht kleine Hühner, deren Gewicht zwischen dem von Zwerghühnern und Großrassen liegt. Sie zeigen eine gedrungene Landhuhnform mit fleischfarbigen bis blauen Läufen, vom Bart verdeckten weißlichen Ohrscheiben und säbelförmigen Sicheln der Hähne. Anerkannt ist zurzeit nur der weiße Farbenschlag, doch werden auch Schwarze, Gesperberte und Blaue gezüchtet.

Leistungseigenschaften: Die in der Literatur oft angegebenen Werte von 70–100 weißen bis cremefarbigen, ca. 50 g schweren Eiern werden in manchen Zuchten deutlich überschritten. So sind Leistungen von maximal 160 Eiern im Jahr durchaus möglich.

Wesenseigenschaften: Wie andere Haubenhühner auch, sind Sultanhühner von Natur aus zahm und werden bei entsprechender Betreuung sehr menschenbezogen. Sie sind ruhig, verträglich und daher hervorragend als Gartenhühner geeignet.

Bruttrieb: Sultanhühner zeigen zwar keinen ausgeprägten Bruttrieb, doch kommen bei ihnen immer wieder auch brütende Hennen vor; sicherlich ein Erbe der in den 1950er Jahren eingekreuzten Seidenhühner.

Empfehlungen für Zucht und Haltung: Mehr noch als andere Vollhaubenhühner sind Sultanhühner nicht nur auf einen geschützten, sondern auch trockenen Auslauf angewiesen, da die Fußbefiederung ansonsten schnell verschmutzen kann. Daher gehören sie zu den Rassen, die besonders gut für eine Volierenhaltung geeignet sind. Leider waren nicht alle Rassen, die zum Neuaufbau der Zucht nach dem zweiten Weltkrieg verwendet wurden, wirklich dazu geeignet. Breda, Paduaner und Houdan hätten hier vollkommen ausgereicht. Durch die Federfüßigen Zwerghühner ist die Fußbefiederung oft unnötig stark entwickelt und der Seidenhuhneinfluss hat sicher mit dazu beigetragen, dass die säbelförmigen Hauptsicheln der Hähne immer noch nicht die Regel sind. Hinzu kommt, dass beide Rassen für Haubenhühner untypische asiatische Anteile unterschiedlichen Umfangs tragen. Um dem Urtyp sowohl in geno- als auch phänotypischer Hinsicht wieder näher zu kommen, empfiehlt sich daher die Hinzunahme weißer Breda.

Zwergform: In den USA wurde eine Zwergform herausgezüchtet, die dort in denselben Farbvarianten vorkommt wie die Großrasse.

Appenzeller Spitzhauben

Appenzeller Spitzhauben sind Wildfänge, die flott im Gelände herum flitzen, hier ein Körnchen aufpicken, dort einen Grashalm abzupfen – nur um drei Sekunden später schon wieder im nächsten Gebüsch oder hinter der Scheune zu verschwinden. Die Rasse ist nichts für kleine Gärten und kann auch als Schmusehuhn für Kinder eher selten

(1) Ein Zuchtstamm Appenzeller Spitzhauben in Gold-Schwazgetupft.
(2) Ihren Namen haben die Appenzeller Spitzhauben selbsterklärend von der relativ straff nach oben gerichteten Federhaube, die das Blickfeld der Tiere nicht einschränkt.

(1) Ein stolzer Appenzeller Spitzhauben-Hahn vom Farbschlag Silber-Schwarzgetupft.
(2) Appenzeller Spitzhauben sind flugfreudig und lieben hohe Sitzgelegenheiten für Ruhepausen.
(3) Eine prachtvolle Henne des Farbenschlages Silber-Schwarzgetupft. Eine kleine Toleranz im Schwarzanteil der Tupfung sollte in der Zucht gewährt werden.
(4) In Chamois-Weißgetupft genießen die Appenzeller Spitzhauben leider hohen Seltenheitswert.

punkten. Dass die vor kurzem noch stark gefährdete uralte Rasse aktuell dennoch einen enormen Aufschwung erfährt, ist ihrem äußerst hübschen und aparten Äußeren zu verdanken.

Herkunft und Entstehung: Auch wenn die genauen Ursprünge der Appenzeller Spitzhauben unbekannt sind, steht dennoch außer Zweifel, dass sie wie die anderen Haubenhühner auf osteuropäische Importe der frühen Neuzeit zurückgehen. Dementsprechend zeigt die Neigbor-Joining-Analyse eine klare Einordnung in diese Gruppe, in der sie die Schwesterrasse des aus Brabantern, Eulenbarthühnern, Paduanern und Holländischen Haubenhühnern bestehenden Zweiges bilden. Noch Ende des 19. Jahrhunderts waren die leicht gebauten Hühner in der Schweiz ein beliebter Hühnertypus, doch mit der Modernisierung der Landwirtschaft verschwanden sie im 20. Jahrhundert fast vollständig. Lediglich im Appenzeller Land fanden sie ein kleines Refugium, weshalb man sie durchaus als etwas Typisches für diese Region betrachten kann. In der Schweiz wird die Rasse traditionell „Tschüpperli" oder auch „Gässerschnäpfli" genannt, während die vergleichsweise moderne Assoziation mit der Federhaube wohl erst entstand, als die Rasse schon sehr selten war. Die Spitzhaube ist der traditionelle Trachtenhut, den die Appenzeller Frauen bei Brauchtumsveranstaltungen tragen. In den 1950er Jahren wurden Restbestände der im Heimatland bereits extrem seltenen Rasse nach Deutschland eingeführt und in den Farbvarianten Silber, Gold und Schwarz als Schaurasse konstituiert, wobei zur Minimierung von Inzucht bei Letzteren La Flèche hinzugenommen wurden. Zudem lassen die genetischen Untersuchungen einen Input von Hamburger Silberlack erkennen, der sich zwar nicht direkt auf die Eingruppierung auswirkte, jedoch zu Gemeinsamkeiten in der Clusterung mit jeweils fast vollständiger Dominanz der osteuropäischen Komponente führte. Vermutlich wurden die Silberlack zur Optimierung des Farbbildes eingekreuzt.

Erscheinungsbild: Rassetypische Spitzhauben sind eine Augenweide erster Klasse. Schon allein der schlanke Körperbau ist durchweg harmonisch, doch erst die namensgebende, spitz zulaufende Federhaube sorgt für den passenden Akzentschmuck. Auch der Hörnerkamm lädt zu genauerem Hinsehen ein und verleiht besonders dem Hahn etwas Teuflisches, wenn auch auf eine sehr charmante Art und Weise. Die Ohrscheiben sind

weiß, die Läufe blau, das Gefieder voll und fest anliegend. Die kleine Federhaube am Kopf erweist sich als guter Schutz vor Erfrierungen an den Kämmen, womit die Tiere gut für die kalten Winter in den Bergen gerüstet sind.

Die häufigsten Farbenschläge sind Silber- und Gold-Schwarzgetupft, zu denen neben den bereits genannten Schwarzen später noch die (ungesäumten) Blauen und die zufällig auf Basis der Goldenen entstandenen Chamois-Weißgetupften hinzukamen. Die schwarze Tupfung ist eine sehr kontrastreiche Farbgebung, die Hühnern stets große Fernwirkung verleiht, sie aber auch aus der Nähe betrachtet attraktiv macht. Früher gab es in der Schweiz noch weitaus mehr Farbvarianten, so z. B. Schwarz-Weißgescheckte und Gesperberte.

Leistungseigenschaften: Die Legeleistung liegt je nach Zuchtlinie zwischen 120 und 170 weißen, mindestens 55 g schweren Eiern.

Wesenseigenschaften: Wie bereits in der Einleitung dargestellt, sind Appenzeller Spitzhauben sehr aktive, agile und bewegliche Tiere, die ständig mit der Futtersuche beschäftigt und zudem recht flugtüchtig sind. Aufgrund dieses ausgeprägten Temperaments werden sie auch nicht sonderlich zutraulich und zahm. Gegenüber Frost und ungünstigen Witterungsbedingungen sind sie vergleichsweise unempfindlich.

Bruttrieb: Der Bruttrieb ist zwar nur gering ausgebildet, doch wenn sie mal brüten, sind die Hennen dieser Rasse erfahrungsgemäß gute Glucken.

Empfehlungen für Zucht und Haltung: Wegen ihrer Aktivität und ihres ausgeprägten Bewegungsdrangs eignen sich Appenzeller Spitzhauben besonders für die Freilandhaltung in großen Ausläufen, die möglichst mit Netzen überspannt sein sollten. Wegen ihrer Unempfindlichkeit stellen sie an die Stallungen keine besonders Ansprüche.

Sicher wird bei ihnen immer das Äußere im Vordergrund stehen, aber man sollte auch den kulturellen Wert der Rasse für die Schweiz nicht außer Acht lassen. Appenzeller Spitzenhauben sind die Nachfahren einer Hühnerpopulation, die in früheren Jahrhunderten in der Schweiz allgegenwärtig war. Daher sollten sie auch weitgehend unverfälscht erhalten bleiben und auf Einkreuzungen anderer Rassen, die lediglich die Verbesserung äußerer Merkmale zum Zweck haben, komplett verzichtet werden.

Zwergform: Nachdem erste Verzwergungen aus der Großrasse und Zwerg-Hamburgern in Silberlack sowie Zwerg-Eulenbarthühnern wieder aufgegeben wurden, da die Tiere noch zu groß waren, geht der heutige Bestand auf eine niederländische Züchtung zurück, die dort 2003 und in Deutschland 2012 als Schaurasse anerkannt wurde. Dabei bildeten neben der Großform Holländische Zwerghühner die zweite Basis.

Neben den anerkannten Farbenschlägen Silber- und Gold-Schwarzgetupft werden auch Chamois-Weißgetupfte gezüchtet. Bezüglich ihrer Eigenschaften gilt alles, was auch für die Großrasse gesagt wurde. Die Legeleistung liegt bei 110–140 weißen, mindestens 36 g schweren Eiern.

Pawlowskaja

Die Anfang des 18. Jahrhundert erstmals beschriebenen Pawlowskaja gelten als die Stammform der Haubenhühner oder ihr zumindest nahestehend. Konkrete Fakten zu ihrem Ursprung gibt es nicht, dafür aber umso mehr Mythen und Legenden bis hin zu der Idee, sie seien Kreuzungen zwischen Auer- und Haushühnern, die von ersteren den Bart und die Fußbefiederung erhalten hätten.

Herkunft und Entstehung: Pawlowskaja verkörpern einen jahrhundertealten Haushuhntyp, dessen Merkmale Haube, Bart, Hörnerkamm und befiederte Läufe natürliche Anpassungen an kalte Klimabedingungen darstellen, wie sie in ihrer Heimatregion im Winter die Regel sind. Und es ist sicher kein Zufall, dass auch die Federfüßigen Zwerghühner und ihre Verwandten wie die Bulgarischen Zwerghühner oder die Altai-Bantam, also Zwerghühner mit Fußbefiederung, Bart und z. T. auch Haube, ebenso der osteuropäischen Verwandtschaftsgruppe angehören.

Im 19. Jahrhundert wurden die Pawlowskaja im Heimatland durch neu eingeführte Wirtschaftsrassen stark verdrängt und erst eine Standardisierung im Jahr 1905 führte zu einer vorübergehenden Stabilisierung, bis dann der erste Weltkrieg mit der folgenden Oktoberrevolution und der anschließenden Kollektivierung der Landwirtschaft das vermeintliche Ende der Rasse bedeutete. Dass es trotzdem heute noch Pawlowskaja gibt, ist Inhalt einer der kuriosesten Geschichten der jüngeren Geflügelzucht. Danach erhielt der russische Züchter Slawa Komov in den späten 1980er Jahren im Rahmen eines Bruteiertausches Eier aus Almaty (Alma-Ata), aus denen zwei Hähne schlüpften, die in allen Attributen goldenen Pawlowskaja ähnelten. Nachdem auch Experten vom St. Petersburger Institut für Genetik die Echtheit der Tiere konstatierten, verpaarte Komov einen der Hähne (der andere war unfruchtbar) mit verfügbaren russischen Bart-Haubenhennen und kreuzte die Nachzucht (F_1) an den Hahn zurück. In gleicher Weise verfuhr er auch in den folgenden Generationen (F_2, F_3, usw.) solange der Hahn fruchtbar war. Auf diese Weise erhielt er einen hochgradig originären, jedoch auch stark ingezüchteten Bestand. Und so erwies sich die Einkreuzung von Paduanern, also direkten Nachkommen der alten Pawlowskaja, nicht nur als notwendig, sondern auch als voller Erfolg. Im Jahr 1998 blieben nach einer Fuchsattacke nur vier Hennen übrig und

(1) Hahn und Hähne vom Farbschlag Silber-Schwarzgetupft.
Man beachte die knapp anliegende Ausprägung der Fußbefiederung.
(2) Im Winter sind Pawlowskaja dank ihrer reichen Befiederung gut gerüstet.
(3) Eine gold-schwarzgetupfte Pawlowkaja-Henne.
(4) Silber-schwarzgetupfter Pawlowskaja-Hahn mit schwarzem Bart und schön ausgeprägter Pinselhaube.
(5) Dieser gold-schwazgetupfte Zuchthahn ist 5 Jahre alt und befruchtet noch immer.
Altersbedingt hat er einen hohen Weißanteil (Schilf) in der Federhaube entwickelt.
(6) Nicht immer sind Pawlowskaja-Hennen so brütfreudig wie diese Glucke des weißen Farbschlags.

nur mithilfe eines Hahns, der zuvor in die Nachbarschaft abgegeben wurde, konnte der Bestand gerettet werden. Unabhängig davon wurde an besagtem Institut etwa zeitgleich eine Rückzüchtung vorgenommen, die sich jedoch nur bedingt an stammesgeschichtlichen, sondern primär an phänotypischen Aspekten orientierte. Denn zur Verwendung kamen dabei neben Paduanern und Appenzeller Spitzhauben auch die weitgehend unverwandten Faverolles und Seidenhühner. Konsequenterweise wurde die neue Züchtung dann in Abgrenzung zur Urform auch „Novo-Pawlowskaja" genannt.

Leider wurden diese beiden unterschiedlichen Rassen bereits im Heimatland nicht komplett getrennt, und auch bei den nach Mitteleuropa eingeführten Beständen ist eine Analyse der jeweiligen Herkunft nicht mehr möglich. Zudem dürfte die Vermischung beider Formen mittlerweile schon recht weit fortgeschritten sein. Das ist insofern bedauerlich, da eine Einstufung der Pawlowskaja als alte Rasse nun deutlich schwieriger ist. Besser wäre es, hier von einer Züchtung mit partieller Anbindung an eine alte Rasse zu sprechen.

Erscheinungsbild: Traditionell wurden Pawlowskaja in Russland immer schon auch in sehr kalten Regionen gezüchtet und so ist es wenig verwunderlich, dass man bei diesen Hühnern wirklich alle Merkmale antrifft, die einem Huhn dabei helfen, sich gegen Kälte zu wappnen. Sie haben eine Haube, einen wenig frostempfindlichen Hörnerkamm sowie einen Kinn- und Backenbart, der die wenig entwickelten Kehllappen umgibt, sodass ihre Gesichter vor Frostschäden geschützt sind. Eine knapp anliegende Rundumbefiederung an den Läufen, die bis über die Zehen verlaufen kann, sorgt außerdem dafür, dass das Fußwerk unversehrt bleibt. Einen großen Stellenwert für die Pawlowskaja-Züchter hat heute die Beschaffenheit der Haube. Sie sollte aufstrebend sein wie bei den Appenzeller Spitzhauben, jedoch ähnlich einem Rasierpinsel etwas breiter auseinander gehen. Man nennt diese spezielle Haubenform daher auch Rasierpinsel-Haube.

Die Läufe sind blaugrau, die wenig entwickelten Ohrscheiben typisch für Haubenhühner bläulich-weiß, doch kommen auch rötliche Ausprägungen vor. Pawlowskaja werden hierzulande in

Diese Pawlowskaja-Küken sind erst 3 Tage alt. Typische Rassemerkmale, wie Bärte, Fußbefiederung und Ansätze zur Haubenbildung, sind bereits jetzt gut erkenntlich.

vier Farbvarianten gezüchtet: Gold-Schwarz und Silber-Schwarz als Abwandlungen der Tupfung bzw. Halbmondsäumung, wie sie auch bei den Brabantern oder Eulenbarthühnern vorkommt, sowie Weiß und Tollbunt. Die aktuell in Mitteleuropa vorhandenen weißen Tiere sind soweit bekannt aus den Gold-Schwarzen angefallen und somit rezessiv Weiß. Tollbunte stehen sicherlich in Zusammenhang mit den gleich gefärbten Paduanern (siehe Band 1, Seite 45).

Leistungseigenschaften: Die Legeleistung bewegt sich im Bereich von 120–180 Eiern im ersten Jahr und nimmt im zweiten und dritten Jahr nur geringfügig ab. Die weißen bis cremefarbenen Eier erreichen ein Gewicht von etwa 50–60 g.

Wesenseigenschaften: Pawlowskaja sind im Vergleich zu anderen Haubenhühnern relativ aufmerksam und vorsichtig. Sie sind sehr gute Futtersucher und behalten ihre Umgebung stets wachsam im Auge. Fühlen sie sich nicht wohl, können sie sich auffallend nervös und distanziert verhalten. Doch werden auch sie bei entsprechender Betreuung außergewöhnlich zahm und eignen sich so durchaus als „Pet Animals" für die Gartenhühnerhaltung.

Bruttrieb: Der Bruttrieb ist vereinzelt vorhanden und kommt nach den Beobachtungen der Züchter insbesondere beim weißen Farbschlag immer wieder zum Vorschein (siehe Foto).

Empfehlungen für Zucht und Haltung: Unabhängig davon, in welchem Umfang es sich bei den in Mitteleuropa gezüchteten Populationen um originäre Pawlowskaja handelt, sollten sie doch in jedem Fall sowohl hinsichtlich Herkunft als auch Erscheinungsbild in möglichst ursprünglicher Form erhalten werden. Einkreuzungs-Experimente, die lediglich der „Verbesserung" bestimmter Merkmale dienen und nicht mit basalen Haubenhuhnrassen durchgeführt werden, sollten konsequenterweise komplett unterbleiben. Sollten Einkreuzungen wirklich nötig werden, ist ausschließlich auf geeignete Haubenhühner wie Brabanter, Paduaner oder Breda zurückzugreifen.

Die historisch dokumentierten Farben sind Gold-Schwarz und Silber-Schwarz. Auch die Zucht von Slawa Komow umfasste von Beginn an nur diese beiden Varianten. Daher sollten sie auch in Zukunft im Fokus jeglicher Erhaltungsmaßnahmen stehen. Auf die Kreation zusätzlicher Farbenschläge, die infolge der dann nötigen Einkreuzungen noch weiter vom Original entfernt sind, sollte verzichtet werden. Wer Naturbrut bevorzugt, forciert am besten die genetische Stabilisierung des Bruttriebes in seiner Zucht. Wegen der Flugtüchtigkeit der Rasse ist es sinnvoll, die Umzäunungen nicht zu niedrig herzurichten.

> Die zufällige „Wiederentdeckung" der Pawlowskaja war einer der absoluten Glücksfälle der neueren Geflügelzucht. Leider wurde durch parallele und ganz offensichtlich nicht miteinander koordinierte Zuchtprojekte sowie die dann folgende Unachtsamkeit bei der weiteren Zucht und Verbreitung vieles davon wieder verfälscht. Dies zeigt einmal mehr, dass eine reine Fixierung auf den Phänotyp unter Vernachlässigung der stammesgeschichtlichen Aspekte kontraproduktiv für den Erhalt einer Rasse sein kann.

Sprenkelhühner

Aus dem für Europa historisch besonders wertvollen Verwandtschaftskreis der Sprenkelhühner wollen wir nun die Friesenhühner (incl. der Assendelfter) und Brakel vorstellen, bevor im dritten Band dann die Hamburger Sprenkel folgen.

Nur durch die organisierte Geflügelzucht in Mitteleuropa konnten viele dieser Rassen bis heute überleben, während es in ihrer osteuropäischen Ursprungsregion, wo die Hobbyzucht erst sehr viel später einsetzte, wohl keine unverkreuzten Bestände ohne signifikanten asiatischen Anteil mehr gibt.

Friesenhühner und Assendelfter

Friesenhühner verkörpern innerhalb der Sprenkelrassen wohl die ursprünglichste Form, was sich sowohl im Habitus als auch in zahlreichen Verhaltensweisen spiegelt. Sie stehen damit jenem Typus nahe, der vor mindestens 400 Jahren an die niederländische Nordseeküste importiert und von dort nach Deutschland, Belgien, England und Frankreich verbreitet wurde.

Wie der Farbschlag Gelb-Weißgeflockt zu seinem Namen kam, ist beim Friesenhuhn nur anhand der Hennen ersichtlich.

(1) Die hochgefährdeten Assendelfter sind außerhalb der Niederlande nur wenigen Hühnerfreunden ein Begriff.
(2) Ein ausgewachsener Friesenhahn bringt rund 1,5 kg auf die Waage. Damit zählen sie zu den kleinsten Großrassen.
(3) Friesenhähne sind aufmerksam, umtriebig und nicht selten auch ausgesprochen krähfreudig.

Herkunft und Entstehung: Friesenhühner werden in ihrer niederländischen Heimat als „Fries hoens" bezeichnet und gelten im Allgemeinen als die traditionellen Hühner der inzwischen auch als eigenständige Volksgruppe anerkannten Friesen. Ihre Blütezeit hatte die ethnische Minderheit bereits im 13. Jahrhundert und die Tatsache, dass ihre Geschichte in den Jahrhunderten danach hauptsächlich von Völkerwanderungen und Kriegen geprägt war, macht es zusammen mit den Ergebnissen molekulargenetischer Untersuchungen unwahrscheinlich, dass die heutigen Friesenhühner direkte Nachfahren ihrer Haushühner aus jener Zeit sind. Deren Einfuhr erfolgte erst einige Jahrhunderte später, als im Rahmen des niederländischen Seehandels sogenannte „Türkische Hühner" aus dem ost- und südosteuropäischen Raum an die Nordseeküste kamen und die Grundlage der heutigen Sprenkelhühner bildeten. Von allen bisher typisierten Rassen dieser Gruppe haben die Friesenhühner mit etwa 40 % den höchsten Anteil der osteuropäischen Komponente, was als Hinweis für ihre Ursprünglichkeit gewertet werden kann. Ihre Schwesterrasse in der Neighbor-Joining-Analyse sind die Ostfriesischen Möwen. Im 19. Jahrhundert waren sie auf den Höfen der Moorbauern weit verbreitet. In den Niederlanden werden sie seit etwa 1880 offiziell als eigenständige Rassen geführt.

Erscheinungsbild: Friesenhühner gehören zu den kleinsten Vertretern der Großrassen und verkörpern einen leichten Landhuhntyp mit abgerundeter Walzenform, relativ hoch getragenem Schwanz, voller, langer und fest anliegender Befiederung, Einfachkamm, weißen Ohrscheiben und blaugrauen Läufen.

Die ursprünglichen Farbenschläge sind die geflockten Varianten in Gelb-Weißgeflockt, Gold-Schwarzgeflockt, Silber-Schwarzgeflockt und Zitron-Schwarzgeflockt. Erstere basieren auf den Goldenen, doch kommt bei ihnen weiterhin der Faktor I für dominantes Weiß hinzu, der das Schwarz unterdrückt. Bei Letzteren wird das Gold durch den Faktor Cream (ig) zu zitronengelb aufgehellt.

Wie bei den Ostfriesischen Möwen und Hamburger Sprenkeln sind auch bei den geflockten Friesenhühnern die Hähne ungezeichnet, die Flockung basiert also auf der Wildfarbe (e^b bzw. e^+) und nicht der Birkenfarbe (E^R). Weitere Farbenschläge sind Rot-Schwarzgeflockt, Rot-Schwarzgeflockt mit weißen Federenden, Schwarz, Weiß,

(4) Die beiden Assendelfter Hennen zeigen gut den markantesten Unterschied zum Friesenhuhn, nämlich den Rosenkamm.
(5) Friesen-Hennen legen auch im hohen Alter von 5–8 Jahren noch alljährlich einige Eier.

Blau, Gesperbert und Schwarz-Weißgescheckt. Bei den Rot-Schwarzgeflockten kommt als weiterer Faktor der Phaeomelanin-Verstärker Mahogany (Mh) hinzu, der das Gold zu Rot intensiviert, bei ihrer Variante mit weißen Federenden noch der Motteld-Faktor (mo), woraus die Erbformel e^b bzw. e^+ Pg Db Mh mo s^+ resultiert.

Leistungseigenschaften: Die Legeleistung variiert in Abhängigkeit von den Farbenschlägen. Während die Gold-Schwarzgeflockten im Allgemeinen zwischen 100 und 120 weiße, mindestens 52 g schwere Eier legen, liegt die Leistung der Gelb-Weißgeflockten mit 130 und 140 Eiern etwas darüber; für die Schwarzen sind Werte von etwa 150 Eiern dokumentiert.

Wesenseigenschaften: Friesenhühner sind sehr lebhafte, bewegliche und aktive Hühner, die ständig mit der Futtersuche beschäftigt sind. Sie gelten als robust, wetterfest und vergleichsweise widerstandsfähig gegenüber Krankheiten. Aufgrund ihres Temperaments und ihrer geringen Größe sind sie gute Flieger. Im direkten Umgang sind sie eher zurückhaltend und reagieren empfindlich auf Veränderungen und hektische Bewegungen.

Bruttrieb: Den Sprenkelrassen wird im Allgemeinen ein nur schwach ausgeprägter Bruttrieb bescheinigt, was auf die Brakel, Möwen und Totleger wohl auch überwiegend zutrifft. Die Friesenhühner bilden hier eine Ausnahme, was sicher auch ihrem ursprünglichen Charakter geschuldet ist. Speziell bei den basalen geflockten Varianten finden sich regelmäßig Glucken, besonders wenn die Tiere in traditioneller, freilaufenden Haltung leben dürfen. In beengten Volieren, die dem lebhaften Wesen der Friesenhühner nicht gerecht werden, kommt der Bruttrieb deutlich seltener zur Ausprägung.

Empfehlungen für Zucht und Haltung: Aufgrund ihres temperamentvollen Wesen, ihres Bewegungsdranges und ihrer Aktivität eignen sich

(1) Durch seine dunklere Grundfarbe ohne Flockenzeichnung ragt der Friesenhahn hier deutlich aus seiner Schar von Hennen heraus.
(2) Ein zwei Tage altes Friesen-Küken vom Farbschlag Gelb-Weißgeflockt.
(3) Gold-Schwarzgeflockt ist ein weiterer Farbschlag, der beim Friesenhuhn anerkannt ist.

Friesenhühner am besten für große unbegrenzte Ausläufe. Sie sind daher ideale Bauernhofhühner, für eine Haltung im Garten oder kleinen Volieren jedoch weniger geeignet. Sind die Ausläufe begrenzt, sollte die Umzäunung hoch oder im besten Fall der Auslauf mit einem Netz überspannt sein. An den Stall stellen sie keine besonderen Ansprüche. Auf der züchterischen Ebene ist es wichtig, den Bruttrieb zu erhalten und zu festigen.

Zwergform: Die Verzwergung der ohnehin schon recht kleinrahmigen Friesenhühner erfolgte in den 1930er Jahren in den Niederlanden. Dabei sollen die Großrasse und Sebright beteiligt gewesen sein, was jedoch mittlerweile zunehmend in Frage gestellt wird. Später durchgeführte Kreuzungen von Friesenhühnern mit Sebright brachten nämlich nicht das gewünschte Ergebnis, solche mit Holländischen Zwerghühnern aber schon, was vor dem Hintergrund der gleichen Kammform und Ohrscheibenfarbe auch absolut plausibel ist.

In Mitteleuropa werden Zwerg-Friesenhühner in den Farben Gelb-Weißgeflockt, Gold-Schwarzgeflockt, Silber-Schwarzgeflockt, Zitron-Schwarzgeflockt, Rot-Schwarzgeflockt, Schwarz und Blau gezüchtet. Im Heimatland gibt es noch weitere Farbenschläge. Die Legeleistung variiert im Bereich von 70–100 weißen, mindestens 30 g schweren Eiern.

Zwerg-Friesenhühner entsprechen in ihren Eigenschaften weitgehend der Großrasse, benötigen aufgrund ihrer geringen Größe jedoch weniger Platz und können daher auch in geräumigen Volieren gehalten werden.

Assendelfter: Praktisch identisch in Typ und Zeichnungsbild begegnet uns mit dem Assendelfter Huhn eine weitere niederländische Sprenkelrasse, die entstehungsgeschichtlich die rosenkämmige Variante der Friesenhühner verkörpert und zweifellos auf denselben Ursprungsbestand zurückgeht. Der eher grob beschaffene Rosenkamm ist nämlich das einzige Merkmal, das die beiden Zuchtformen signifikant unterscheidet. Assendelfter werden in Gold- und Silber-Schwarzgeflockt gezüchtet und repräsentieren jenen Hühnertypus, der in der ersten Hälfte des 19. Jahrhunderts nach England verbracht wurde und dort die Basis der Hamburger Sprenkel bildete. Außerhalb der Niederlande sind sie leider praktisch unbekannt und werden in keinem anderen europäischem Land in nennenswertem Umfang gezüchtet. Sie gelten daher als hoch gefährdete, vom Aussterben bedrohte Rasse.

Brakel

Mit der kontrastreichen, schwarzen Flockenzeichnung wirken sowohl die Goldbrakel (gold gesprenkelt) als auch die Silberbrakel (silber gesprenkelt) überaus hübsch auf jedem Hühnerhof und es ist nur schwer zu sagen, ob hierbei die Hähne oder die Hennen attraktiver gezeichnet sind. Beide Geschlechter haben zweifelsfrei einen hohen Zierwert und sorgten so dafür, dass die Brakel immer einen beständigen Züchterkreis hatten.

Die Kopfpunkte des Brakel-Hahns werden durch mittelgroße Kehllappen und einen großen Einfachkamm sowie weiße Ohrscheiben und dunkle Knopfaugen charakterisiert.
Bei legenden Brakelhennen legt sich der hintere Teil des großen Kammes typischerweise zur Seite.

Herkunft und Entstehung: Brakel repräsentieren den belgischen Zweig der Sprenkelhuhnfamilie und ihr Name ist direkt an die belgische Ortschaft „Nederbrakel" angelehnt. Früher gab es verschiedene lokale Varianten belgischer Sprenkelhühner, von denen neben den Brakel die etwas leichteren Campiner (Kempische Hühner) die bekanntesten waren. Nach langen Auseinandersetzungen über den „richtigen" Typ wurden beide schließlich 1925 als „Kempische Brakel" zusammengefasst. Nach Deutschland wurde 1895 der schwerere Typ eingeführt, der sich rasch verbreitete und temporär zu einer der häufigsten Rassen wurde. Der Begriff Campiner, der teilweise auch generell auf alle Sprenkelhühner angewendet wurde, hat sich übrigens bis heute erhalten und beschreibt die hennenfiedrige Variante der belgischen Sprenkelhühner, die als „Campine chicken" in England gezüchtet wird. Ebenso existieren in den USA spätestens seit Ende des 19. Jahrhunderts wertvolle Campiner-Populationen, die möglicherweise schon früher mit belgischen Auswanderern nach Amerika kamen. Im Zuge der der Modernisierung der Landwirtschaft waren die Brakel, oder besser Kempischen Brakel, bis ca. 1970 in ihrem Heimatland ausgestorben und mussten ab 1971, vorwiegend durch Tiere aus dem benachbarten Deutschland, wieder neu etabliert werden. Die genetische Zusammensetzung der Brakel entspricht jener der übrigen Sprenkelrassen mit einem starken West- und Osteuropäischem Cluster und einem moderaten westasiatisch-nordostafrikanischen Anteil. Ihre nächsten Verwandten in der Neighbor-Joining-Analyse sind die Westfälischen Totleger.

Campiner, wie dieser silberne Hahn aus den USA, sind leichter gebaut als Brakel.

Foto © Shutterstock/Slowmotiongli

Erscheinungsbild: Brakel sind schnittige, elegante Landhühner mit bläulich-weißen Ohrscheiben, Einfachkamm, schieferblauen Läufen und dunklem Blick, der aus den relativ stark pigmentierten „Knopfaugen" resultiert. Die Hähne sind reich und üppig befiedert und auch die Hen-

(1) Ein Hahn und zwei Hennen der sogenannten „Goldbrakel", bei denen sich eine schwarze Bänderung auf goldener Grundfarbe zeigt.
(2) Ein Goldbrakel-Hahn im berühmten Haustierpark Arche Warder, wo auch seltene Hühnerrassen gezeigt werden.
(3) Ein vielversprechender Junghahn der sogenannten „Silberbrakel", bei denen sich die schwarze Flockenzeichnung auf silberner Grundfarbe zeigt.
(4) In dieser Schar von ca. 4 Monate alten Junghühnern laufen Gold- und Silberbrakel gemeinsam.

nen zeigen einen breit gefächerten, ausgeprägten Schwanz. Bei legenden Brakelhennen neigt sich der große Einfachkamm zur Seite und schlottert dann. Ihre Sprenkelung ist in Form einer Bänderung ausgeprägt, die feiner ist als bei den Ostfriesischen Möwen und Westfälischen Totlegern. Wie bei den Totlegern weisen die Hähne dieselbe Zeichnung auf wie die Hennen, die Sprenkelung ist also auf Basis der Birkenfarbe und nicht der Wildfarbe ausgebildet: E^R Pg Db. Farbvarianten sind Silber und Gold.

Leistungseigenschaften: Die Legeleistung liegt zwischen 110 und 150 weißen, mindestens 55 g schweren Eiern. Teilweise werden Eigewichte von 60–65 g erreicht.

Wesenseigenschaften: Wie die anderen Sprenkelhühner sind auch die Brakel aufmerksame, lebhafte und wetterharte Landhühner mit gutem Flugvermögen. Sie sind frühreif, in der Regel unproblematisch in Reproduktion und Aufzucht sowie aktive Futtersucher. Die Schutzinstinkte gegenüber Fressfeinden sind noch stark ausgeprägt. Wenn auch etwas zurückhaltend, können sie bei entsprechender Betreuung durchaus zutraulich, jedoch nicht handzahm werden.

Bruttrieb: Der Bruttrieb ist bei Brakel-Hennen wie auch bei den nah verwandten Totlegern kaum vorhanden.

Empfehlungen für Zucht und Haltung: Für Brakel empfiehlt sich ein großer Auslauf, der wegen ihrer Flugfähigkeit im Bedarfsfall mit hohen Zäunen oder einem Netz überspannt sein sollte. Da es sich ursprünglich um eine Legerasse handelt, sollte der

Legeleistung wieder größere Bedeutung beigemessen werden. Aufgrund ihrer Eigenschaften eignen sie sich genau wie ihre Zwergform hervorragend für die freilaufende Haltung auf Höfen. Einkreuzungen, speziell von Rassen, die nicht dem Verwandtschaftskreis der Sprenkelhühner angehören, sind abzulehnen.

Zwergform: Nach mehreren wieder aufgegebenen Versuchen entstanden die heutigen Zwerg-Brakel in den 1950er Jahren in Westdeutschland zunächst in der Silbervariante aus der Großrasse und schwarzen Deutschen Zwerghühnern. Die Goldenen folgten etwa 20 Jahre später. Unabhängig davon wurden die Silbernen in den frühen 1970er Jahren in der ehemaligen DDR aus der Großrasse, Zwerg-Hamburgern und Zwerg-Rheinländern erzüchtet; auch dort kamen später noch die Goldenen hinzu. Zwerg-Brakel gelten als noch lebhafter als die Großform und sollten wegen ihrer guten Flugfähigkeit im Siedlungsgebiet zu ihrem eigenen Schutz sicher untergebracht sein. Sie legen ca. 120–140 weiße, mindestens 35 g schwere Eier und brüten kaum.

Europäische Langkräher

Allen Langkrähern ist der stark verlängerte Krähruf der Hähne zu eigen, der sich bei ihnen über 20 Sekunden, im Extremfall sogar bis über 60 Sekunden (Kosovo-Kräher) ausdehnen kann.

Die besten Kosovo-Kräher-Hähne können über eine Minute lang krähen, womit die Rasse fraglos zu den talentiertesten Langkrähern in der Hühnerwelt zählt.

Ein gemeinsamer Ursprung der drei Langkräherrassen des West-Balkanraumes, also der Sandschak-, Kosovo- und Bosnischen Kräher gilt sowohl aus geographischen als auch morphologischen Gründen als sicher. Wie und wann die Langkräher in den Balkanraum kamen, ist bis dato nicht vollständig geklärt. Möglich ist, dass entsprechende Mutationen in südosteuropäischen Haushuhnpopulationen aus dem Verwandtschaftskreis der Hauben- und Sprenkelrassen aufgetreten sind und selektiv gefestigt wurden oder bereits von Beginn an in diesem Ausbreitungszweig vorhanden waren.

Nachdem wir uns im ersten Band den Sandschak-Krähern und ihren vermutlichen Nachfahren, den Bergischen Krähern, zugewendet haben, möchten wir nun die ihnen nahe stehenden Kosovo-Kräher etwas näher vorstellen.

Kosovo-Kräher

Die absoluten Stars unter den Langkräherrassen sind, zumindest was die Krähruflänge betrifft, zweifelsohne Langkräher aus der zwischen Serbien, Montenegro, Albanien und Nordmazedonien gelegenen Republik Kosovo. Mit Krähruflängen von bis über 60 Sekunden sind sie nicht nur in Europa, sondern auch weltweit bis heute unerreicht.

Herkunft und Entstehung: Erste Informationen über Langkräher im Balkanraum, speziell der Region um Albanien und das südliche Serbien, datieren in Mitteleuropa auf den Beginn des 20. Jahrhunderts. Diese Tiere werden mehrheitlich als den Altsteirern ähnlich beschrieben, jedoch mit einem Krähruf, der dem Bergischer Kräher (der seinerzeit einzigen im deutschsprachigen Raum bekannten Langkräherrasse) vergleichbar sei. Leider gibt es von diesen Tieren keine Abbildungen, doch deuten sowohl die Angaben zur geographischen Verbreitung als auch der Vergleich mit den beschopften Altsteirern darauf hin, dass es sich hier nur um Sandschak- oder Kosovo-Kräher gehandelt haben dürfte. Sicher ist, dass die Kosovo- wie auch die Sandschak-Kräher dem Kreis der Haubenhühner zuzuordnen sind, was durch die Haubenbildung, die doppelte Kammanlage und die aufgeworfenen Nasenlöcher hinlänglich bewiesen ist. Ihr Ursprung ist somit im osteuropäischen Raum zu verorten, also genau dort, wo sie heute noch gezüchtet werden.

Ebenso steht außer Zweifel, dass ihre nächsten Verwandten die Sandschak-Kräher sind, mit denen sie die Haubenbildung teilen und von denen sie sich hauptsächlich durch das geringere Körpervolumen und den längeren Krähruf unterscheiden. Dabei ist der heutige, extrem lange Krähruf eher eine neuere Entwicklung. Noch vor wenigen Jahrzehnten waren die Rufe mit im Schnitt ca. 25 Sekunden zwar kürzer, aber lauter und melodischer, also den Sandschak ähnlicher. Auch gibt

Charakterlich sind Kosovo-Kräher durchaus zutraulich und dem Halter gegenüber interessiert.

(1) Eine Kosovo-Kräher-Henne (links) im Vergleich zu einer Sandschak-Kräher-Henne.
(2) Zwei Kosovo-Kräher und ein Sandschak-Kräher (im Hintergrund).
(3) Ein Kosovo-Kräher mit typischer, aufrechter Körperhaltung.
(4) Dieser Hahn zeigt äußerlich Anklänge an die Sandschak-Kräher, was die unvollständige Trennung beider Rassen belegt.

es dort, wo die Verbreitungsgebiete beider Rassen zusammentreffen, Übergangsformen, die keiner von beiden klar zuzuordnen sind. Ihre Trennung ist also möglicherweise relativ rezent und durch die Selektion der Kosovo-Kräher auf den extrem langen Krähruf in jüngerer Zeit forciert worden. Dafür würde auch die deutlich größere Homogenität der Kosovo-Kräher (s. u.) sprechen, die sich gut mit genetischer Drift nach der Trennung von einer Basalpopulation erklären lässt.

Erscheinungsbild: Kosovo-Kräher ähneln im Grundtyp den Sandschak und sind stolze, aufgerichtete Tiere mit mehr oder weniger abfallender Körperhaltung und mittellangem Schwanz. Sie sind jedoch deutlich kleiner, etwas tiefer gestellt und eleganter in der Linienführung. Während Sandschak-Hähne eine Körperhöhe von bis zu 90 cm erreichen und bis zu 6 kg wiegen können, liegen die Maxima bei den Kosovo-Hähnen bei etwa 60 cm und gut 3 kg. Wie die Sandschak tragen sie eine Federhaube, die als mittelgroße, nach vorn gebogene Spitzhaube ausgebildet ist. In der Kammform sind sie weniger variabel; es kommt nur der V-förmig ausgebildete Hörnerkamm vor. Auch bezüglich der Gefieder- und

Lauffärbung herrscht eine größere Homogenität: Zwar gibt es im Heimatland neben den allgemein bekannten und dominierenden Schwarzen auch Weiße und Goldene, doch ist auch mit diesen das Farbenschlag-Repertoire deutlich geringer als bei der Schwesterrasse. Gleiches gilt für die Lauffarbe, die zumeist grün in unterschiedlicher Intensität bis hin zu Gelb, jedoch nur selten grau ist. Bei den Schwarzen haben die Hähne zuweilen, ähnlich wie die gesattelten Sandschak, gold- bis messingfarben durchsetzte Schultern.

Krähruf: Der Krähruf der Kosovo-Hähne erstreckt sich im Mittel über 20–40 Sekunden, kann jedoch auch bis über 60 Sekunden andauern. Selbst Ruflängen von 90 Sekunden werden genannt. Da der Hahn bei derart langen Rufen stark mit der Atemluft haushalten muss, ist die Lautstärke naturgemäß vermindert und der Ruf in vielen Fällen am Ende kaum noch hörbar.

Die Frequenz ist bei den Kosovo-Hähnen relativ gleichbleibend, ein Steigen und Fallen der Tonhöhe kaum feststellbar. Während des Krähens bleibt der Hahn im Gegensatz zu den Bergischen und vielen Sandschak-Krähern im Allgemeinen stehen und hält den Kopf kontinuierlich nach oben. Die Hähne beginnen relativ spät, erst im Alter von etwa fünf Monaten, mit dem Krähen. Manche Hennen stoßen einen Laut aus, der dem Krähruf ähnelt und bis zu 15 Sekunden andauern kann.

Foto © Besnik Buhalla

Leistungseigenschaften: Die Angaben zur Legeleistung der Kosovo-Hennen variieren sehr und reichen von 60–160 weißen, mindestens 55 g schweren Eiern. Vermutlich ist sie stark von der jeweiligen Zuchtlinie abhängig. Die Hennen beginnen im Alter von acht Monaten mit dem Legen.

Wesenseigenschaften: Kosovo-Kräher sind allgemein zutrauliche Hühner, die bei entsprechender Betreuung sehr zahm werden können. Gleichsam sind sie aktive, aufmerksame und gute Futtersucher.

Bruttrieb: Der Bruttrieb ist wie bei den Sandschak zumindest bei einem Teil der Hennen vorhanden, die Glucken sind gute und fürsorgliche Mütter.

Empfehlungen für Zucht und Haltung: Kosovo-Kräher stellen keine speziellen Ansprüche an Stall und Haltung. Da sie recht aktive Hühner sind, kommt ihnen ein großer Auslauf natürlich besonders zugute; sie können aber durchaus auch in begrenzten Zuchtanlagen gehalten werden. Primäres Zuchtziel sollte der Erhalt des charakteristischen Krährufes und eine Förderung der positiven Wesenseigenschaften sein.

Ebenso wie bei den Sandschak-Krähern sollte eine vorrangige Selektion auf äußerliche Merkmale mit dem Ziel einer Vereinheitlichung des Phänotyps vermieden werden, da sie zu einer völlig unnötigen Verringerung der genetischen Variation führt.

Zur Definition der phänotypischen Attribute sollte eine Rassebeschreibung erstellt werden, die ausschließlich essenzielle Merkmale umfasst und so den Rahmen festlegt, in dem sich das Erscheinungsbild der Tiere bewegen darf.

Diese Dänischen Landhühner leben in traditineller Haltungsform auf dem Gelände des Dänischen Freilichtmuseums „Hjerl Hede".

West- und Mitteleuropäische Rassen

Die Rassen dieses alten Ausbreitungszweiges gelangten einst von Kleinasien über Griechenland nach Italien, Mittel- und Westeuropa. Sie sind gekennzeichnet durch eine hohe Frequenz des Westeuropäischen Clusters.

Ebenso wie die Hauben- und Sprenkelhühner verdanken auch die Vertreter dieser Gruppe ihr Überleben der organisierten Rassegeflügelzucht. Denn überall dort, wo diese nicht oder erst spät einsetzte, wurden die indigenen, ursprünglichen Landschläge mehr oder weniger stark mit Wirtschaftsrassen verkreuzt. So zeigen die Polnischen Grünfüßler ebenso wie die spanischen Katalanier und Villafranquina asiatische Anteile von ca. 35 %, sodass sie mittlerweile klar den Zwischentyprassen zuzurechnen sind. Und sogar die als Urform des spanischen Landhuhnes geltenden Kastilianer weisen mit ca. 10 % zwar geringe, aber doch signifikante asiatische Anteile auf. Im Gegensatz dazu konnten die Minorka und Spanier, die in England noch vor der Verbreitung neuer Wirtschaftsrassen unter die „Fittiche" der organisierten Geflügelzucht gerieten, weitgehend unverfälscht erhalten werden.

Von allen in Mittel- und Nordeuropa noch heute existierenden Landhuhn-Rassen dürfte das Dänische Landhuhn zu den ursprünglichsten Varianten gehören.

Dänische Landhühner und Luttehühner

Das Dänische Landhuhn ist die einzige alte Hühnerrasse des dänischen Königreiches und steht daher bei Hühnerfreunden in seiner Heimat hoch im Kurs. Doch eigentlich sollte dieses ursprüngliche Huhn auch länderübergreifend großen Zuspruch bekommen, handelt es sich doch aus kulturhistorischer Sicht um eine der wertvollsten europäischen Hühnerrassen, vergleichbar etwa mit den Altenglischen Kämpfern, Dorking, Hauben- und Sprenkelhühnern oder den ursprünglichen spanischen und mitteleuropäischen Rassen.

Herkunft und Entstehung: Wie weit die Wurzeln der Dänischen Landhühner tatsächlich zurückreichen, kann heute nicht mehr sicher ermittelt werden. Am wahrscheinlichsten ist jedoch, dass es sich bei ihnen, ebenso wie bei den Altenglischen Kämpfern und Dorking, um Nachfahren der ersten von Osteuropa kommenden Ausbreitungswelle handelt, mit der das Haushuhn in der Eisenzeit Mittel- und Nordwesteuropa erreichte.

Schon vergleichsweise früh, in den 1870er Jahren, bemerkten dänische Bauern, dass die alten

Dänischen Landhühner zunehmend von den neu eingeführten Rassen verdrängt wurden. Man tat sich darum bewusst zusammen und nahm gemeinsam die Rettung der traditionellen Landrasse in die Hand. Deutlich früher also, als das in anderen europäischen Ländern unternommen wurde und zweifellos der Hauptgrund dafür, dass die Dänischen Landhühner bis heute weitgehend unverfälscht erhalten wurden. Eine erste Musterbeschreibung der zuvor bezüglich Gefieder-, Lauf- und Ohrscheibenfarbe variierenden Rasse entstand 1901. In ihr wurden die Rebhuhnhalsigen mit weißen Ohrscheiben und blauen Läufen als Standardtyp festgelegt.

Erscheinungsbild: Dänische Landhühner verkörpern in ihrem gesamten Habitus eine ausgesprochen naturbelassene Hühnerrasse. Als solche zeigen sie einen klassischen Landhuhntyp mit gerundeter Walzenform, voller und langer Befiederung und relativ hoch getragenem, gut entwickeltem Schwanz. Sie haben einen Einfachkamm, weiße Ohrscheiben, orangerote Augen und blaue Läufe. Die ursprünglichen Rebhuhnhalsigen gleichen in vielerlei Hinsicht der Wildform des Haushuhnes (siehe Seite 100), sind jedoch deutlich größer. Mittlerweile wurden mit den Schwarzen, Weißen, Silberhalsigen, Gesperberten, Schwarz-Goldhalsigen und Gelben noch weitere Farbenschläge erzüchtet.

Leistungseigenschaften: Dänische Landhühner legen ca. 120–150 weiße, mindestens 55 g schwere Eier. Die Legeperiode erstreckt sich hauptsächlich von Ende März bis August. Insbesondere bei traditionellen Haltungsformen ist eine ausgesprochene Herbst- und Winter-Legepause zu beobachten. Die Hennen behalten ihre Leistungsfähigkeit über viele Jahre und legen bis zum Alter von sieben Jahren noch relativ gut.

Wesenseigenschaften: Man kann die Dänischen Landhühner als typische „halbdomestizierte" Rasse bezeichnen. Ihr Verhalten ist aufmerksam und sehr fluchtorientiert. Die Tiere neigen bei freilaufender Haltung zu schnellen Reaktionen auf vermeintliche Gefahren und können nicht nur blitzschnell unter den nächsten Busch laufen, sondern auch außerordentlich gut fliegen. Bei regelmäßigem Menschenkontakt werden aber auch sie zutraulich und kommen mit etwas Sicherheitsabstand an ihren Menschen heran.

Bruttrieb: Der Bruttrieb ist stark vorhanden und bei guter Haltung wird mehr als die Hälfte der älteren Hennen zwischen Ende April und Ende Juli brütig.

Empfehlungen für Zucht und Haltung: Dänische Landhühner eignen sich nicht für begrenzte Platzverhältnisse. In kleinen Gehegen und Volieren fühlen sich die Tiere unwohl und neigen zu Nervosität. Dürfen sie frei laufen und haben sich gut auf dem Hof eingelebt, sind sie dagegen ausgesprochen unkompliziert und selbstständig.

Zwergform: Nach dem Aussterben der ursprünglichen Dänischen Landzwerghühner, die wie die Schwedischen, Belgischen oder Holländischen Zwerghühner den Urzwergen zuzurechnen waren, wurde die Zwergform ab den 1950er Jahren neu erzüchtet, wobei neben den Großen u. a. Zwerghühner aus Deutschland, vermutlich Deutsche Zwerge, beteiligt waren. Sie werden in denselben Farbenschlägen wie die Großrasse gezüchtet, wobei auch bei ihnen die Rebhuhnhalsigen klar dominieren.

Luttehühner: Mit den Luttehühnern (Luttehøns) gibt es auch eine kurzbeinige Variante der Dänischen Landhühner. Bei ihnen sind analog zu den deutschen Krüpern und englischen Scots Dumpy die Läufe durch den Einfluss des dominanten Faktors Cp (Creeper) verkürzt und verdickt. Ob ein direkter Bezug zu diesen beiden Rassen besteht, ist unklar.

Luttehühner gelten als zahmer, weniger flugtüchtig und etwas schwerer als die Dänischen Landhühner. Die Verzwergung der Luttehühner auf Basis der Großrasse erfolgte in den 1940er Jahren. Die Farbschlagpalette der Lutte- und Zwerg-Luttehühner entspricht der ihrer langbeinigen Verwandten. Auch hier sind die Rebhuhnhalsigen die häufigste Variante.

(1) Dieser perfekte Zuchthahn hat seine Hennen auch auf der Sitzstange im Stall stets um sich geschart.
(2) Dieser Junghahn wird erst im zweiten Lebensjahr eine üppigere Schwanzbefiederung entwickeln. Das ist bei Dänischen Landhähnen normal.
(3+5) Eine typvolle rebhuhnhalsige Dänische Landhenne mit schiefergrauen Läufen, weißen Ohrscheiben und einem nicht zu großen Einfachkamm.
(4) Die Küken der rebhuhnhalsigen Dänischen Landhühner zeigen wie Wildhühner eine gestreifte Tarnfarbe.

Foto © Lukas Bollen

1

Krüper

Kurzbeinige Hühnerrassen sind aus verschiedenen Teilen der Welt bekannt. So gibt es in Japan die Chabo, Jitokko, Gandori und Miya-Jidori, in China die Chahua, in England die gesperberten Scots Dumpy, in Frankreich die Courtes-Pattes und in Dänemark die Luttehühner. Auch in Deutschland und Österreich waren verschiedene Schläge kurzbeiniger Hühner traditionell verbreitet, von denen als Rasse aber nur die Krüper etabliert wurden. Aktuell laufende Untersuchungen deuten darauf hin, dass die Kurzbeinigkeit mehrfach unabhängig voneinander in verschiedenen Regionen der Welt aufgetreten ist.

2

Herkunft und Entstehung: Krüper gehören zweifellos zu den ältesten mitteleuropäischen Landhuhnrassen, deren aktuelle Population sich mindestens bis zur ersten Hälfte des 19. Jahrhunderts zurückverfolgen lässt. Erstmals beschrieben wurden kurzbeinige Hühner bereits 300 Jahre früher durch den Schweizer Naturforscher Conrad Gessner, wobei natürlich unklar bleiben muss, in welchem Umfang diese Tiere in Zusammenhang mit der heutigen Zuchtform stehen. Deren Basis bildeten kurzbeinige westfälische Landhühner, die in den 1840er Jahren erstmals beschrieben wurden. Dabei handelte es sich um eher kleine, sehr niedrig gestellte Tiere mit weiß-roten Ohrscheiben, die in verschiedenen Farben wie z. B. schwarz, schwarz-weißgescheckt oder „gelbgerieselt" (vermutlich eine Form der Sprenkelung) vorkamen (WIEKING 1985). Sie bildeten die Grundlage der später als „Westfälische Krüper" bekannten Zuchtrichtung. Solche Hühner wurden dann in der zweiten Hälfte des 19. Jahrhunderts ins benachbarte Bergische Land verbracht, wo es durch Mischung mit Bergischen Landhuhnschlägen und den seinerzeit sehr populären Minorka zur Entwicklung der größeren und kräftigeren Bergischen Krüper kam. Sie hatten stärker entwickelte Kämme und Kehllappen und wurden vorwiegend in Schwarz gezüchtet. Da zunächst nur die Westfälischen Krüper als Schaurasse anerkannt wurden, kam es bei der Bewertung häufig zu Missverständnissen. Deshalb entschloss man sich 1916, beide Varianten als Krüper zusammenzufassen und einen Typ zu schaffen, der Merkmale beider Zuchtformen vereint. Es wäre also konsequenter, die Krüper nicht nur als Bergische, sondern als Bergisch-Westfälische Rasse zu charakterisieren.

(1) Krüper in verschiedenen Farbschlägen laufen hier auf dem Gelände des Wissenschaftlichen Geflügelhofes in Rommerskirchen, wo mit der Rasse auch Forschung betrieben wird.
(2) Schwarze Krüper gelten nach heutigen Wissensstand als besonders ursprünglich und sind für die Erhaltung der Rasse essenziell.
(3) Weiße Krüper sind hier sowohl in der langbeinigen als auch in der kurzbeinigen Variante im Freilichtmuseum Detmold in Nordrhein-Westfalen zu sehen.
(4) Ein rebhuhnhalsiger Krüperhahn.

Von zunächst mehreren Farbvarianten konnten nur die Schwarzen kontinuierlich erhalten werden. Fotos aus den 1950er Jahren belegen, dass sie sich seitdem äußerlich kaum verändert haben. Außer ihnen überlebten lediglich die Weißen den Zweiten Weltkrieg, bevor auch sie in den 1960er Jahren verschwanden. Sie wurden gut 10 Jahre später unter Zuhilfenahme weißer Leghorn wieder neu erzüchtet. Ebenfalls in den 1970er Jahren rekonstruiert wurden die Gesperberten (aus schwarzen Krüpern und Deutschen Sperbern) sowie die Gedobbelten in Schwarz-Gelb und Schwarz-Weiß, zu deren Erzüchtung Bergische Kräher und schwarz-weißgedobbelte Schlotterkämme hinzugenommen wurden. In den 1990er Jahren entstanden letztlich die Rebhuhnhalsigen, die aus schwarzen Krüpern, Luttehühnern und rebhuhnhalsigen Rheinländern hervorgegangen sind.

In der Neighbor-Joining-Analyse bilden die schwarzen Krüper die Schwesterrasse der schwarzen Bergischen Schlotterkämme, mit denen über die regelmäßig anfallenden langbeinigen Tiere (s. u.) ein kontinuierlicher Zuchttieraustausch bestand, während die Gesperberten die Nächstverwandten der Deutschen Sperber sind. Beide Gruppen bilden einen gemeinsamen Zweig innerhalb der westeuropäischen Rassen, dem basal auch die Minorka und Kastilianer angehören, was den Einfluss ersterer auf alle diese Rassen belegt. Die Weißen zeigen in Einklang mit ihrer Entstehungsgeschichte einen starken Bezug zu den weißen Leghorn.

Die Admixture-Analyse bescheinigt den schwarzen Krüpern (ebenso wie den schwarzen Schlotterkämmen) einen westeuropäischen Anteil von ca. 90 %. Sie liegen damit fast gleichauf mit den schwarzen Rheinländern und repräsentieren wie diese den Prototyp des mitteleuropäischen Landhuhns, auch wenn sicher ein Teil dieser Komponente auf den direkten Einfluss der Rheinländer zurückzuführen ist, die ebenso wie die Minorka in jüngerer Zeit zur Auffrischung dienten. Damit gehören auch die schwarzen Krüper zu den ursprünglichsten Kulturgütern der west- und mitteleuropäischen Haushuhnzucht.

Erscheinungsbild: Krüper zeigen einen gestreckten, waagerecht getragenen Körper mit langer, voller Befiederung, Einfachkamm und weißen Ohrscheiben. Hervorstechendes Merkmal sind die verkürzten, jedoch kräftigen, je nach Farbenschlag schiefer- bis fleischfarbigen Läufe. Von ihnen leiten sich alte Namen wie „Erdhennle", „Dachshühner" oder „Kriechhühner" ebenso wie der offizielle Name Krüper (vgl. Englisch „creeper") ab. Aufgrund ihrer kurzen Läufe haben Krüper tatsächlich einen recht wackeligen und eigentümlichen Gang und im hohen Gras sieht es fast aus, als würden sie über dem Boden schweben. Die langen Hauptsicheln des reich befiederten Hahnenschwanzes streifen dann zuweilen den Boden, was ebenso dem niedrigen Stand der Tiere geschuldet ist. Diese Verkürzung der Läufe beruht auf dem dominanten Allel Cp (Creeper), das im reinerbigen Zustand letal wirkt, indem die Embryonen während der Bebrütung absterben (siehe Band 1 – Chabo, Seite 146). Die Merkmalsträger sind also spalterbig. Verpaart man sie untereinander, erhält man statistisch gesehen 25 % reinerbige, im Ei absterbende Merkmalsträger, 50 % spalterbige Merkmalsträger und 25 % langbeinige Tiere. Es sind also im Mittel zwei Drittel der geschlüpften Küken kurzbeinig. Bei der Verpaarung von Merkmalsträgern mit langbeinigen Tieren kommt der Letalfaktor nicht zur Ausprägung und die geschlüpften Küken sind im Mittel zu je 50 % kurz- oder langbeinig. Daher werden heute in der Krüperzucht bewusst kurzbeinige Tiere mit Langbeinigen verpaart so wie in Bild 3 auf Seite 44 dargestellt. Aktuell wird im Wissenschaftlichen Geflügelhof in Rommerskirchen (NRW) intensiv zur Letalität der Kurzbeinigkeit geforscht und erste Ergebnisse widersprechen zum Teil den gängigen Theorien. Es ist anzunehmen, dass hier schon bald neue Erkenntnisse veröffentlicht werden.

Leistungseigenschaften: Die Legeleistung der Krüper hängt stark vom jeweiligen Farbenschlag und der Zuchtlinie ab. Die Schwarzen legen zwischen 90 und 180 weiße, mindestens 55 g

(1) Ein bildschöner, farbenfroher Zuchthahn der rebhuhnhalsigen Krüper.
(2) Kurzbeinige weiße Krüperhenne.
(3) Kurzbeiniger weißer Krüper-Hahn.
(4) Schwarze Krüperhenne mit typischem kleinen Einfachkamm.

schwere Eier; die Leistung der Weißen und Gesperberten ist in einem ähnlichen Spektrum anzusiedeln. Absoluter Spitzenreiter sind jedoch die Rebhuhnhalsigen mit 190–200 Eiern, was sicher auch dem Erbe der rebhuhnhalsigen Rheinländer zu verdanken ist.

Wesenseigenschaften: Aufgrund der unterschiedlichen Herkunft der einzelnen Farbenschläge sind generelle Aussagen zum Wesen schwierig. Speziell die Schwarzen, jedoch auch die Weißen und Gesperberten, sind zutrauliche Hühner mit einem für mitteleuropäische Hühnerrassen vergleichsweise hohen Domestikationsgrad. Sie lernen schnell aus der Hand zu fressen und wenn sie frei herumlaufen dürfen, suchen sie durchaus die Nähe des Menschen. Früher schätzte man Krüper auch, weil sie sich angeblich nicht so weit vom Haus entfernen. Tatsächlich sind sie aber erstaunlich umtriebig und mobil und es dürfte vielmehr der gut ausgeprägten Standorttreue geschuldet sein, dass diese Hühner nicht weglaufen.

Bruttrieb: Über alle Farbenschläge hinweg ist der Bruttrieb eher gering ausgebildet.

Empfehlungen für Zucht und Haltung: Krüper sind in der Haltung unkompliziert und stellen hier keine besonderen Ansprüche. Wie bereits geschildert, sollte man aus Gründen des Tierschutzes stets kurzbeinige mit langbeinigen Tieren verpaaren. Speziell sollte man aber aufgrund der Seltenheit der Rasse von der Kreation weiterer Farbenschläge komplett absehen. Vielmehr muss das Augenmerk auf den vorhandenen Varianten liegen, speziell den originären Schwarzen, die im Gegensatz zu allen anderen Farben nicht wieder reproduziert werden können, sollten sie einmal aussterben.

Man tut der Rasse keinen Gefallen, wenn man im Rahmen der Farbenzucht kontinuierlich neue Kreationen schafft, die außer der Beinlänge nicht mehr viel mit dem Ursprungsbestand zu tun haben. So stellt man den unwiederbringlichen Originalen unnötig Konkurrenz ins Haus und löst die Rasse als Einheit mit spezifischen Wesens- und Leistungseigenschaften zusehends auf, anstatt sie zu konsolidieren.

Zwergform: Zwerg-Krüper im weißen Farbenschlag entstanden in den 1990er Jahren aus der Großrasse und weißen Deutschen Zwerghühnern. Da diese offenbar verdeckt die Silber-Wildfarbe trugen, fielen während dieses Prozesses auch die Silberhalsigen an. Mittlerweile werden zudem Schwarze gezüchtet, die aber noch nicht offiziell anerkannt sind. Zwerg-Krüper legen ca. 120 weiße, mindestens 35 g schwere Eier und sind von agilem, lebhaftem Wesen. Der Bruttrieb ist stärker ausgebildet als bei der Großform.

Bergische Schlotterkämme

Zu den Bergisch-Westfälischen Hühnerrassen zählen neben den allseits bekannten Bergischen Krähern und Krüpern auch die weitaus weniger bekannten Bergischen Schlotterkämme. Ebenso wie viele andere heimische Rassen wären auch sie in der ersten Hälfte des 20 Jahrhunderts beinahe ausgestorben und es ist nur ihren nächsten Verwandten, den mit ihnen in Zuchtaustausch stehenden Krüpern zu verdanken, dass sie bis heute erhalten werden konnte.

Herkunft und Entstehung: Die Vorfahren der Bergischen Schlotterkämme waren lokale Landhuhnschläge, wie sie früher in allen deutschen Regionen in großer Zahl anzutreffen waren. Deren häufigste Varianten im Bergischen Land waren das „Schwarze Bergische Huhn" und die gesperberten „Leyendecker" oder „Üllen", die eine besonders grobe und dunkle Form der Sperberung zeigten. Hinzu kamen noch die schwarz-weißgedobbelten „Holthauser Schimmel", die aus dem silbernen Farbenschlag der Bergischen Kräher hervorgegangen sind und die von jeher seltenen schwarz-gelbgedobbelten „Kuchhauser Gelben" als Kreuzungsprodukt der Kräher mit dem „Schwarzen Bergischen Huhn".

In der zweiten Hälfte des 19. Jahrhundert wurden dann kurzbeinige Hühner aus dem benachbarten Westfalen, die Westfälischen Krüper, eingeführt. Durch deren Mischung mit den heimischen Landhühnern entstanden die vorwiegend schwarzen Bergischen Krüper. Da die Kurzbeinigkeit spalterbig ist und in der Zucht immer auch langbeinige Tiere auftreten, bestand ein kontinuierlicher Austausch zwischen Bergischen Krüpern und Schlotterkämmen, sodass es sich, abgesehen von der Beinlänge, prinzipiell um dieselbe Rasse handelte. Zum Ende des 19. Jahrhunderts kamen dann die leistungsstarken Minorka hinzu, die besonders die Schwarzen beeinflussten, weniger jedoch die Gesperberten und die gedobbelten Varianten. Während die Gedobbelten bis spätestens 1929 ausstarben, blieben die Gesperberten in Form der Deutschen Sperber erhalten, zu denen sie neben einer Reihe weiterer Rassen den Hauptanteil beisteuerten (siehe Band 1 – Deutsche Sperber, Seite 78).

Die Schwarzen überlebten den zweiten Weltkrieg zusammen mit den entsprechend gefärbten Krüpern und es ist sicherlich kein Zufall, dass sie bis in die 1970er Jahre hinein fast ausschließlich von Krüper-Züchtern präsentiert wurden. Dementsprechend erweisen sie sich in der Neighbor-Joining-Analyse auch als Schwestergruppe der schwarzen Krüper und gehören innerhalb der westeuropäischen Rassen zum Zweig der Minorka-Verwandten, was auf deren Einfluss am Ende des 19. Jahrhunderts ebenso wie auf Kastilianer-Einkreuzungen jüngeren Datums hinweist. Die Admixture-Analyse zeigt zudem eine den Rheinländern ähnliche Clusterung, die einerseits ihren Status als altes westeuropäisches Landhuhn unter-

(1) Ein Schlotterkamm-Hahn in schwarz-weißgedobbelt mit einer Henne in schwarz-gelbgedobbelt.
(2) Die Bergischen Schlotterkämme des schwarzen Farbschlages haben große Ähnlichkeiten mit spanischen Hühnerrassen, denn zu ihren Vorfahren zählten beispielsweise auch die Minorka.
(3) Ein Schlotterkamm-Hahn im Kopfportrait.
(4) Schlotterkamm-Hähne zeigen üblicherweise einen „stabilen" Kamm ohne Kippung.
(5) Bergische Schlotterkamm-Hennen sollen während der Legeperiode einen deutlich umgelegten Kamm aufweisen, wie bei dieser Henne gut ersichtlich ist.

(1+2) Ein Paar typischer und optisch sehr ansprechender Bergischer Schlotterkämme im Farbenschlag Schwarz-Weißgedobbelt.

mauert, z.T. aber auch auf Hinzunahme Letzterer in den 1970er Jahren zurückgehen dürfte. Die übrigen heute gezüchteten Farbenschläge sind sekundären Ursprungs. So wurden die Schwarz-Weißgedobbelten in den 1950/60er Jahren auf Basis von Bergischen Krähern und silber-schwarzgetupften Thüringer Barthühnern „rekonstruiert“ und erscheinen daher in der Neighbor-Joining-Analyse als Schwestergruppe der Kräher (ROMANOV & WEIGEND 2001). Die heutigen Schwarz-Gelbgedobbelten entstanden in den 1980er Jahren aus schwarzen Schlotterkämmen und Bergischen Krähern, während die Gesperberten in den 2000er Jahren aus der Zusammenführung ihrer Nachfahren, der Deutschen Sperber, mit schwarzen Schlotterkämmen wiederbelebt wurden.

Erscheinungsbild: Bergische Schlotterkämme zeigen eine typische Landhuhnform mit walzenförmigem Körperbau, mittelhoher Stellung und voller, langer Befiederung. Die Ohrscheiben sind weiß, die Läufe je nach Farbenschlag schiefergrau bis dunkel fleischfarbig. Die Bezeichnung Schlotterkamm rührt daher, dass sich der große Einfachkamm bei legenden Hennen leicht zur Seite neigt und hin und her wackelt, wenn die Tiere beispielsweise Körner aufpicken oder anderweitige hektische Kopfbewegungen machen. Er ist sicher zum beträchtlichen Teil ein Erbe der Minorka.

Leistungseigenschaften: Die Legeleistung der Schwarzen variiert im Bereich zwischen 100–150 weißen, mindestens 55 g schweren Eiern. Besonders bei Althennen können Eigewichte von bis zu 65 g auftreten. Die Legeleistung lässt im zweiten und dritten Jahr kaum nach. Für die übrigen Farbenschläge liegen keine validen Daten vor.

Wesenseigenschaften: Aufgrund der unterschiedlichen Herkunft der einzelnen Farbenschläge sind generelle Angaben zu Wesenseigenschaften schwierig. Grundsätzlich kann jedoch gesagt werden, dass alle Varianten aktive Tiere mit großem Aktionsradius sind, die als gute Futtersucher aufmerksam ihre Umgebung beobachten. Als durchaus flugtüchtige und etwas schreckhafte Tiere werden sie zumeist nicht handzahm.

Bruttrieb: Der Bruttrieb ist nur gering ausgebildet. Brütende Hennen sind bei allen Farbenschlägen die Ausnahme.

Empfehlungen für Zucht und Haltung: In sehr kalten Wintern empfiehlt es sich speziell beim schwarzen Farbenschlag, die großen Kämme regelmäßig einzufetten, um Frostschäden zu vermeiden. Ansonsten gelten die Tiere als robust, gesund, langlebig und selbstständig. Da sie sehr aktiv sind, sollte ihnen ausreichend Platz in Stall und Auslauf geboten werden. Aufgrund ihrer Flugtüchtigkeit ist es sinnvoll, die Umzäunungen entsprechend hoch zu halten oder mit einem Netz zu überspannen. Bei den Schwarzen sollte auf ursprungsfremde Einkreuzungen jeglicher Art verzichtet werden, um ihren Status als ursprüngliches mitteleuropäisches Landhuhn nicht zu gefährden. Da mit den schwarzen Krüpern eine ideale Genreserve zur Verfügung steht, sind derartige Experimente nicht nur kontraproduktiv, sondern auch komplett unnötig. Die nach den Schwarzen am weitesten verbreiteten Schwarz-Weißgedobbelten sind zwar aufgrund ihrer Herkunft keine Schlotterkämme, zeigen jedoch in beiden Geschlechtern ein überaus attraktives Erscheinungsbild, das sie schon auf den ersten Blick zu etwas Besonderem in der Welt der Hühnerrassen macht. Es wäre sicherlich konsequenter, sie als eigene Bergische Rasse zu definieren, um so ihrem Status besser gerecht zu werden. Dann wäre man auch nicht mehr gezwungen, sie äußerlich in das „Korsett" der Schlotterkämme zu pressen, in das sie aufgrund ihrer Herkunft nicht wirklich passen.

Bei der Auswahl der Zuchttiere empfiehlt sich, besonderen Wert auf ein ruhiges und wenig hysterisches Wesen zu legen. Dies gilt besonders für die gedobbelten Farbenschläge. (vgl. Band 1 Bergische Kräher, Seite 63).

Zwergform: Als einziger Farbenschlag wurden bisher die Schwarz-Weißgedobbelten verzwergt. Hierbei ging man in den 1980er Jahren denselben Weg wie zuvor bei der Großform. Man kombinierte Bergische Kräher, hier die Zwergform, mit silberschwarzgetupften Thüringer Zwerg-Barthühnern. Der weiteren Verbreitung dieser an sich überaus hübschen Zwergform steht aktuell aber ein auffallend nervöser und flatterhafter Charakter im Wege. Eine primäre Selektion auf ein ruhigeres Wesen wäre sicherlich der beste Weg, um künftig eine Verbesserung der Situation herbeizuführen. Der Ursprungsfarbenschlag wurde bis dato nicht verzwergt, obwohl es ja bereits schwarze Zwerg-Krüper gibt und die hieraus anfallenden langbeinigen Tiere die ideale Basis zur Etablierung einer solchen Zwergform wären.

Spanier

Die Merkmalsvielfalt beim Haushuhn ist immer wieder aufs Neue faszinierend, denn es scheint kaum ein Merkmal zu geben, das sich nicht auf die eine oder andere Art züchterisch beeinflussen ließe. Die Spanier-Hühner mit ihren weißen Gesichtsmasken sind hierfür ein gutes Beispiel, denn sie sorgen zuverlässig für verblüffte Blicke, wann immer sie auf Geflügelschauen unverhofft auftauchen.

Herkunft und Entstehung: Spanier sind, genauso wie Minorka, Andalusier und Kastilianer, Nachfahren des Spanischen Landhuhns, eines uralten indigenen Landschlages des westlichen Mittelmeerraumes, der sich dort seit Jahrhunderten nachweisen lässt, vermutlich aber noch viel älter ist. Erste Hinweise auf die heutige Zuchtform lassen sich bis ca. 1680 zurückverfolgen, als französische Hugenotten weißgesichtige Hühner in London hielten; gesicherte Belege aus dem Mittelmeerraum datieren auf die Zeit um 1815.

Eine genetische Studie des Heimatlandes (DÁVILA et al. 2009) weist Spanier und Minorka als

Eine Henne der extrem seltenen Zwerg-Spanier.

Foto © Shutterstock/Cynoclub

Schwesterrassen aus, deren Nächstverwandte die Kastilianer sind. Zur selben Gruppe gehören erwartungsgemäß auch die Andalusier, die zusammen mit den Blue Leonesa, einer gleichfalls blauen Lokalrasse, den anderen Zweig der ursprünglichen Landhuhnrassen bilden.

Verschiedene Admixture-Analysen (WRAGG et al. 2012; SIWEK et al. 2013) bescheinigen den Spaniern einen komplett europäischen Genpool. Sich hartnäckig haltende Theorien, nach denen ihr Ursprung in Indien zu suchen ist, können daher bedenkenlos ins Reich der Fantasie verwiesen

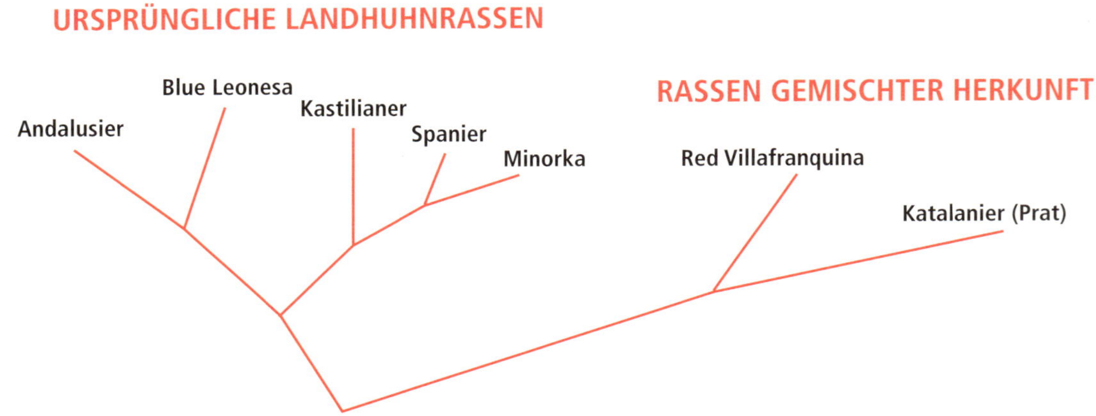

Verwandtschaftsbeziehungen verschiedener spanischer Hühnerrassen. Dargestellt sind neben den ursprünglichen Landhuhnformen zwei Rassen gemischter europäisch-asiatischer Herkunft. Neighbour-Joining-Dendrogramm vereinfacht nach DÁVILA et al. (2009).

4

3

(1) Neben den offiziell anerkannten Schwarzen gibt es Spanier in ihrer Heimat auch in Blau und Splash.
(2) Wie eine Clowns-Maske muten die übergroßen Ohrscheiben und die weiße Gesichtshaut in Kombination mit Kamm und Kehllappen in knalligem Rot an.
(3) Bei ausgewachsenen Spanier-Hennen kippt der Kamm hinten häufig zur Seite, was hier gut erkennbar ist.
(4) Wie bei ihren Verwandten, den Minorka, sollte auch bei den Spanier-Hennen auf eine gute Legeleistung Wert gelegt werden.

werden. Mitte des 19. Jahrhunderts verbreitete sich die Rasse in Europa und Nordamerika, nach Deutschland gelangte sie erstmals 1844. Nach anfänglich großer Beliebtheit und guter Verbreitung gingen die Bestände im 20. Jahrhundert weltweit stark zurück. Hauptursache hierfür war eine Übertypisierung der Kopfpunkte und speziell der weißen Gesichter, die zu einer Vernachlässigung von Vitalität und Leistungseigenschaften führte. Diese Probleme sind mittlerweile längst überwunden und in Deutschland war seit den 2000er Jahren ein leichter Aufwärtstrend zu erkennen, der aber leider nicht dauerhaft anhielt.

Von den früher in Mitteleuropa vorhandenen Farbenschlägen Schwarz, Weiß, Blau und Gesperbert haben nur die stets häufigsten Schwarzen überdauert. Erfreulicherweise konnten aktuell Bruteier aus Spanien importiert werden, aus denen neben Schwarzen überraschenderweise auch blaue Tiere angefallen sind.

Erscheinungsbild: Spanier sind mittelgroße, relativ hoch stehende Hühner mit stolzer Haltung, walzenförmigem Körper, gut mittelgroßem Einfachkamm, orangeroten Augen, schieferfarbigen Läufen und voller, langer Befiederung. Das herausragende Rassemerkmal sind die weißen Gesichter, die durch eine Verschmelzung der recht großen, weißen Ohrscheiben mit der ebenfalls weißlich eingefärbten Gesichtshaut entstehen. Der hohe Weißanteil im Kopfbereich setzt einen kontrastreichen Akzent zum Erscheinungsbild des ansonsten tiefschwarz gehaltenen Huhns. Schwarz ist die einzige anerkannte Gefiederfarbe und hier wird ein deutlicher Grünglanz bei beiden Geschlechtern gefordert. Hätten die Spanier nicht ihre prägnanten weißen Gesichter, wären sie eigentlich recht unauffällige Hühner, doch so haben sie schon aus der Ferne betrachtet eine extravagante Wirkung.

Leistungseigenschaften: Die Legeleistung liegt allgemein zwischen 130 und 140 weißen, mindestens 50 g schweren Eiern, doch werden auch Eigewichte von bis zu 65 g erreicht. Legestärkere Strains sollen noch bei Englischen Züchtern vorhanden sein.

Wesenseigenschaften: Spanier sind stolze, wachsame Hühner und wie alle Mittelmeerrassen beweglich, agil und gute Futtersucher. Doch sind sie nicht nervös oder schreckhaft, sondern im Vergleich zu anderen Landhühnern von eher ruhigem Charakter. Speziell bei guter Betreuung können sie außerordentlich zutraulich werden.

Bruttrieb: Der Bruttrieb ist nur schwach ausgebildet, jedoch sind Glucken ab der zweiten Legeperiode wie auch bei anderen ursprünglich legebetonten Rassen nicht komplett auszuschließen.

Die weißen Gesichter verleihen den Spaniern im grünen Freilauf eine äußerst plakative Fernwirkung.

Empfehlungen für Zucht und Haltung: Die beeindruckende Fernwirkung der Spanier kommt durch die gut ausgeprägte weiße Gesichtsfärbung zustande. Um den makellosen Zustand von Ohrscheiben und Gesichtshaut aufrecht zu erhalten, ist es wichtig, winterliche Frostschäden zu vermeiden, wie sie durch gefrierendes Wasser im Gesicht auftreten können. Frostfreie Stallungen sind daher für die kalte Jahreszeit ein Muss. Intensive Rangstreitigkeiten sollten bei beiden Geschlechtern unterbunden werden, denn auch Pickverletzungen beschädigen die glacélederartigen Ohrscheiben zuweilen nachhaltig. Geräumige Stallungen und reich strukturierte Außenbereiche mit Sichtblenden und Rückzugsmöglichkeiten tragen ebenso zur Ruhe in der Schar bei wie eine Aufteilung in kleinere Gruppen.

Auf züchterischer Ebene sollte bei der Auswahl der Zuchttiere besonders auf eine glatte Gesichtsmaske geachtet werden, um das Entstehen von runzeligen oder rauen Gesichtern zu vermeiden. Spanier gehören derzeit in Deutschland zu den seltensten alten Kulturrassen. Es wäre ihnen daher dringend eine größere Zuchtbasis zu wünschen.

Zwergform: Nachdem eine erste Verzwergung Ende des 19. Jahrhunderts leider wieder verschwand, gehen die heutigen Tiere auf zwei unabhängig voneinander durchgeführte Züchtungen in England und Deutschland zurück. Während nicht ganz klar ist, welche Zwerghuhnrasse in England den Großen zu Beginn der 1980er Jahre Pate stand, waren es bei der 1987 in Deutschland begonnenen Zucht schwarze Zwerg-Minorka. Durch Bruteierimporte aus England 1989 wurden beide Linien zusammengeführt. Ein weiterer Import englischer Tiere erfolgte etwa zeitgleich über die Niederlande.

Zwerg-Spanier legen ca. 120 weiße Eier mit einem erstaunlich hohen Eigewicht von 40–45 g und sind daher durchaus auch für Selbstversorger interessant. Charakterlich sind sie angenehm ausgeglichen, ruhig und zutraulich, besonders wenn man sie mit ähnlichen Rassen vergleicht. Auch sie sind extrem selten und verdienen eine größere Verbreitung.

Herkunft und Entstehung: Andalusier haben ihren Namen bereits Mitte des 19. Jahrhunderts erhalten, allerdings nicht in Spanien, sondern in England. Zu dieser Zeit wurden zahlreiche mehr oder weniger blau gefärbte Tiere des alten Spanischen Landhuhnes aus Andalusien auf die britischen Inseln verschifft. Dort baute man unter dem zusätzlichen Einfluss von blauen Altenglischen Kämpfern, Minorka und Spaniern rasch eine Zuchtpopulation auf, die durch ihre gute Legeleistung und das blau-gesäumte Gefieder schnell für Aufsehen sorgte und weitere Verbreitung fand. Als Andalusier 1872 erstmals auch in den deutschen Sprachraum gelangten, handelte es sich bereits um eine gefestigte Rasse, die zu einem leistungsstarken,

(1) Weiße Ohrscheiben, ein sauber gezackter Kamm und eine klare Säumung im Brustbereich weisen diesen Andalusier-Hahn als vielversprechend für die Zucht aus.
(2) Typvolle Andalusier-Henne mit kontrastreicher Säumung und umgelegtem Schlotterkamm.

Andalusier

Eine altbekannte, aber inzwischen seltene Hühnerrasse sind die Andalusier, die zu den optisch reizvollsten Landhuhnrassen zählen und einer Vielzahl anderer Züchtungen den blau-gesäumten Farbenschlag beschert haben. Leider haben sie in den letzten beiden Jahrzehnten starke Konkurrenz durch die massenhafte Verbreitung von Hybridhuhn-Strains mit blauer Gefiederfärbung erfahren, allen voran die „Blauen Königsberger", die im Bereich der Gartenhühnerhalter laut der Happy Huhn-Umfrage von 2022 zu den beliebtesten Hybrid-Hühnern zählen und das nicht zuletzt wohl auch, weil viele Leute aufgrund ihres Namens denken, es würde sich um eine alte Rasse handeln. Blaue und blau-gesäumte Hühner werden zweifelsfrei gerade von vielen Neueinsteigern in der Hühnerhaltung als herausragend schön empfunden. Daher ist es umso wichtiger klar herauszustellen, wer hier das Original ist und die angemessene Unterstützung erhalten sollte.

(1) Andalusier-Hennen sind gute Futtersucher und dank ihres aufmerksamen Naturells auch hervorragend für die freilaufende Haltung auf Bauernhöfen geeignet.
(2) Eine Junggesellen-Gruppe aus vielversprechenden Zuchthähnen mit tollen Zeichnungsbildern.
(3) Bereits als Küken sind die Andalusier blau, obgleich sie Anfangs auch eine weiße Zeichnung im Bauch- und Brustbereich zeigen.

elegant gefärbten und lange nutzbarem Legehuhn entwickelt wurde.

Wie bereits im Porträt der Spanier (siehe Seite 52) dargestellt, sind die auf dem alten Spanischen Landhuhn basierenden Rassen alle nah miteinander verwandt und von Züchtungen gemischter Herkunft genetisch differenziert (DÁVILA et al. 2009). Dabei teilen sich erstere in zwei Gruppen auf: die schwarz gefärbten Spanier, Minorka und Kastilianer und die blau gefärbten Andalusier und Blue Leonesa (eine den Andalusiern ähnliche Lokalrasse). Untersucht wurden dabei indigene spanische Populationen; englische und deutsche Andalusier stehen möglicherweise den in diesen Ländern gezüchteten Minorka und Spaniern näher (s. o.).

Erscheinungsbild: Andalusier zeigen eine elegante Figur mit leicht abfallender Haltung und voller, langer Befiederung auf gut mittelhoher Stellung. Sie tragen einen Einfachkamm, haben weiße Ohrscheiben und schieferblaue Läufe. Sie sind der Inbegriff des blau gesäumten Huhns, dessen Farbe und Zeichnung zur Definition dieses Farbenschlages diente. Nicht umsonst wird auch heute noch bei Rassen gleicher Färbung oft von „Andalusierblau" gesprochen, hauptsächlich, um das gesäumte vom ungesäumten Blau zu unterscheiden. Beide Varianten beruhen auf dem Faktor Blau (Bl), der im spalterbigen Zustand Bl/bl^+ die Blaufärbung hervorruft und reinerbig (Bl/Bl) zu splash führt. Bei der gesäumten Form kommen noch, wie bei den gesäumten Paduanern, Sebright und Wyandotten, der Zeichnungsfaktor Pattern gene (Pg) und der Eumelanin-Verstärker Melanotic (Ml) hinzu. Da die blaue Färbung nur im spalterbigen Zustand in Erscheinung tritt, fallen in der Nachzucht blauer Eltern immer zu statistisch je 25 % schwarze und splashfarbene Tiere an. Im Heimatland wird die Rasse auch in der ungesäumten Form gezüchtet.

Leistungseigenschaften: Die Hennen legen zwischen 150 und 170 weiße, mindestens 58 g schwere Eier.

Wesenseigenschaften: Sollen die einst aus Südspanien nach England gebrachten Andalusier regelrechte Wildfänge gewesen sein, wirken heutige Tiere doch in der Regel recht ruhig und ausgeglichen. Das mag vom Einfluss der Altenglischen Kämpfer herrühren, die ihnen etwas mehr Ruhe und Gelassenheit beschert haben dürften. Andalusier sind recht aufgeweckte, umtriebige, neugierige und durchaus flugfähige Hühner, die aber auch handzahm werden können, wenn man sich mit ihnen beschäftigt.

Bruttrieb: Ebenso wie bei den anderen spanischen Landhuhnrassen ist der Bruttrieb nur gering ausgebildet.

Empfehlungen für Zucht und Haltung: Als bewegliche Landhühner sollten Andalusier genügend Auslauf haben, der mit ausreichend hohen Zäunen versehen oder mit einem Netz überspannt ist. Wie alle Rassen aus dem Mittelmeerraum vertragen sie Hitze recht gut, ihre Kämme und Kehl-

2

3

lappen sind jedoch empfindlich gegenüber Frost. Ansonsten stellen sie keine besonderen Ansprüche an Zucht und Haltung.

Zwergform: Erste Zwerg-Andalusier wurden in England schon 1882 präsentiert, während eine unabhängige Erzüchtung in Deutschland aus der Großrasse, schwarzen Landzwerghühnern, Zwerg-Minorka, Deutschen Zwerghühnern und Deutschen Zwerg-Langschan auf die 1920er Jahre datiert. Da diese aber wohl den Zweiten Weltkrieg nicht überlebte, begann man hier in den 1950er Jahren erneut unter Verwendung blauer Bantam, Deutscher Zwerghühner und der Großrasse. Die reichliche Übergröße dieser Tiere führte zur erneuten Hinzunahme schwarzer Deutscher Zwerghühner, bis nach dreimaliger Rückpaarung die gewünschte Größe schließlich erreicht war (WANDELT & WOLTERS 1998).

Zwerg-Andalusier legen etwa 120–160 weiße, mindestens 35 g schwere Eier und entsprechen in ihren Eigenschaften weitgehend der Großrasse. Auch ihnen wäre eine größere Zuchtbasis zu wünschen.

Die folgenden drei Rassen ...

... sind aus der Kombination indigener Landhühner mit den im 15. und 16. Jahrhundert eingeführten Bart- und Haubenhühnern entstanden. Sie zeigen daher auf die eine oder andere Weise Attribute dieser Gruppe. Da jedoch typische Merkmale wie die Doppelkammanlage (Faktor D) oder die aufgeworfenen Nasenlöcher fehlen, sind sie eher den West- und Mitteleuropäischen Rassen als den Haubenhühnern zuzuordnen.

Altsteirer

Das Altsteirer-Huhn ist der Inbegriff des ursprünglichen robusten steirischen Landhuhns und war seinerzeit das Bauernhuhn der Landbevölkerung Ostösterreichs und Sloweniens. Später dann, nachdem es hinsichtlich seiner Merkmale und Leistungsattribute gefestigt war, fand es weite Verbreitung auf kleinbäuerlichen Betrieben in Österreich und Deutschland, bevor schließlich neue Wirtschaftsrassen und später die kommerziellen Linien dort Einzug hielten.

Herkunft und Entstehung: Das alte Landhuhn der Steiermark entstand vor Jahrhunderten aus der Kombination bodenständiger Landschläge mit Haubenhühnern aus dem Verwandtschaftskreis der Paduaner, die in der frühen Neuzeit nach Norditalien eingeführt und von dort in ganz Europa verbreitet wurden. Obwohl es ein gutes Leistungshuhn war, drohte es Ende des 19. Jahrhunderts durch die Verkreuzung mit neu eingeführten Rassen wie Cochin, Brahma und Langschan komplett zu verschwinden, und es ist nur der Initiative einzelner Züchter zu verdanken, dass es dennoch erhalten werden konnte. Ab 1885 sammelte Emile (bzw. Emanuel) Martiny aus Graz vornehmlich in den kargen, nördlichen Gebirgsregionen die letzten ursprünglichen Tiere, die dem alten Typ sowohl habituell als auch genetisch

(1) Zwerg-Altsteirer-Glucke – Sowohl die Großrasse als auch die Zwergform der Altsteirer bringt regelmäßig gute Muttertiere hervor.
(2) Heute hat das Altsteirer-Huhn in Österreich wieder viele Fans und vermag auch engagierte Jungzüchter für sich zu begeistern.
(3) Der Federschopf soll sich beim Altsteirer-Huhn kompakt an den Hinterkopf anschmiegen und nie so üppig ausfallen, dass er die Sichtfreiheit der Tiere einschränkt.
(4) Ein Altsteirer-Hahn im Farbschlag Blau-Goldhalsig.
(5) Der gesperberte Farbschlag des Altsteirer-Huhns ähnelt stark dem ausgestorbenen Cillier-Huhn aus dem Grenzgebiet zwischen Österreich und Slowenien.
(6) Gesperberte Zwerg-Altsteirer sind echte Raritäten und nur mit viel Glück auf Geflügelschauen anzutreffen.
(7) Das Altsteirer-Huhn verkörpert im wildbraunen Farbschlag zweifelsfrei einen sehr urtümlichen Hühnertypus für die ländlichen Regionen im Osten Österreichs.

sehr nahe kamen, und legte so den Grundstein für die Zucht der Altsteirer. Die erste Musterbeschreibung wurde 1894 herausgegeben. Dieses relativ kleine und leichte Huhn war zwar gut an die kargen Gebirgsregionen der Obersteiermark angepasst, für die fruchtbare Untersteiermark jedoch wirtschaftlich weniger geeignet. Daher wurde 1897 in Cilli, dem heutigen Celje in Slowenien, eine Zuchtstation errichtet, in der man aus schwereren Tieren des Steirischen Landhuhnes eine speziell für die Untersteiermark entwickelte Linie etablierte, die unter dem Namen „Cillier Huhn" in den Farben Wildfarbig, Weizenfarbig, Gesperbert und Weiß gezüchtet wurde. Kurz darauf, im Jahr 1902, entschloss man sich, diese beiden Typen zu kombinieren, wodurch das Altsteirer-Huhn in seiner heutigen Form entstand. 1929 wurden die verschiedenen Varianten der Wildfarbe zum heutigen Farbenschlag Wildbraun zusammengefasst.

In Slowenien wurde nach der Unabhängigkeit ein von der Universität Ljubljana geleitetes Zuchtprogramm initiiert, für das man ursprüngliche Tiere aus Hobbyzuchten und kleinen landwirtschaftlichen Betrieben sammelte und auf deren Basis eine Erhaltungszuchtpopulation etablierte.

Erscheinungsbild: Altsteirer verkörpern einen recht ursprünglichen Landhuhntyp mit gerundetem, rechteckigem und gestrecktem Körper, voller, langer Befiederung, fleischfarbigen Läufen und weißen Ohrscheiben. Charakteristisch ist der am Hinterkopf der Tiere ausgebildete Federschopf, den schon Tiere auf Hühnerhofgemälden des 17., 18. und 19. Jahrhunderts erkennen lassen. Wurden die Federhauben zu groß, bestand die Gefahr eines eingeschränkten Sichtfeldes, weshalb kleinere Federschöpfe bei freilaufenden Hühnern vorteilhafter waren. Ebenso wie Hauben bieten sie den frostempfindlichen Kämmen einen gewissen Kälteschutz. Altsteirer tragen einen Einfachkamm, der bei der Henne im Zusammenspiel mit dem Schopf am Ende eine Quetschfalte aufweist, wodurch der typische Wickelkamm entsteht.

(1) Eine brave weiße Altsteirer-Glucke führt ihre strohgelbe Kükenschar hier sicher über den Hof.
(2) Wildbraune Altsteirer sind als Küken zunächst tarnfarben mit einer Streifenzeichnung bestehend aus verschiedenen Brauntönen.

Der einzige kontinuierlich vorhandene Farbenschlag sind die Wildbraunen. Alle anderen Varianten starben in der ersten Hälfte des 19. Jahrhunderts aus und wurden z. T. später wieder „rekonstruiert". Dabei folgten den auch im Schauwesen anerkannten Weißen, die schon in den 1970er Jahren neu erzüchtet wurden, in jüngerer Zeit auch Schwarze, Gesperberte und Blaue. Sie entstanden mithilfe ähnlicher Hühnerpopulationen aus den östlichen Nachbarländern Österreichs, sind jedoch alle sehr selten. Die Gesperberten werden zuweilen auch unter dem Namen „Cillier-Huhn" geführt. Der Name bezieht sich auf den zuvor genannten Schlag, der zu den Vorläufern der Altsteier zählt und einst für die Region rund um Cilli bzw. Celje typisch war, jedoch auch auf österreichischen Höfen gezüchtet wurde.

Leistungseigenschaften: Altsteirer gehören zu den besten Legehühnern im Bereich der Rassegeflügelzucht. Laut Zuchtbuch des BDRG legen sie jährlich zwischen 180 und 210 weiße, mindestens 55 g schwere Eier. Bei Leistungsprüfungen in Bayern sollen einst sogar Hennen die 280er-Marke erreicht haben. Bemerkenswert ist auch die gute Futterverwertung, also das gute Verhältnis zwischen Futteraufwand und Legeleistung.

Wesenseigenschaften: Altsteirer sind wetterhart, langlebig, haben gute Instinkte und gelten untereinander als sehr verträglich. Als ursprüngliche Landhühner als sind sie gute Futtersucher mit großem Aktionsradius und Bewegungsdrang. Auch sind sie recht flugtüchtig. Bei entsprechender Betreuung und Zuwendung können sie durchaus zutraulich werden.

Bruttrieb: Die Ausprägung des grundsätzlich vorhandenen Bruttriebs hängt bei den Altsteirern nach den Erfahrungen zahlreicher Züchter primär von der Haltungsform ab. Je natürlicher und somit artgerechter man seine Altsteirer hält, desto größer ist die Chance, dass einige Hennen im Frühling auch brüten. In kleinen Gehegen fühlen sich die Tiere anscheinend nicht wohl genug, um sich fortpflanzen zu wollen und erinnern so ein wenig an Wildtiere in der Zoohaltung.

Empfehlungen für Zucht und Haltung: Als robustes Landhuhn stellen Altsteirer keine besonderen Ansprüche an die Haltung. Bedenken sollte man aber ihr gutes Flugvermögen sowie ihren insgesamt hohen Bewegungsdrang. Hennen mit zu groß gewachsenen Federschöpfen sollten möglichst nicht zur Zucht eingesetzt werden, um eine diesbezügliche Übertypisierung zu vermeiden. Nicht zuletzt sollte der Erhalt der für ein Rassehuhn außergewöhnlich hohen Legeleistung oberste Priorität bei der Gewichtung der Zuchtziele haben.

Zwergform: Wildbraune Zwerg-Altsteirer wurden ab 1954 in Deutschland aus der Großrasse, Zwerg-Welsumern und Deutschen Zwerghühnern der Farbenschläge Wildfarbig und Goldhalsig erzüchtet. Ihnen folgten in den 1980er Jahren die mithilfe von Zwerg-Leghorn und Holländischen Zwerg-Weißhauben entstanden Weißen, bevor die Farbpalette in jüngster Zeit durch die Gesperberten ergänzt wurde. Zwerg-Altsteirer gelten als langlebig, robust und gesund, sind zuweilen jedoch etwas nervös und schreckhaft. Ihre Legeleistung liegt im Bereich von ca. 130 weißen Eiern mit einem Gewicht von mindestens 38 g.

(1+2) Silber-Wachtelfarbig ist einer der beiden Haupt-Farbenschläge der Brabanter Bauernhühner. Bei dieser Zuchtgruppe ist schön die plakative Fernwirkung dieses Farbspiels zu sehen.
(3) Diese Brabanter Bauernhenne zeigt gut die rassetypischen, dunklen „Knopfaugen".
(4) Als Landrasse gehören die Brabanter Bauernhühner zu den besten Futtersuchern der Hühnerwelt.

Brabanter Bauernhühner (Brabançonne)

Brabanter Bauernhühner oder Brabançonne werden heute allgemein als belgische Hühnerrasse betrachtet, wenngleich sich das historische Herzogtum Brabant sowohl auf belgischem als auch auf niederländischem Boden befindet. Auch die charakteristische Farbgebung, die Wachtelfarbe, weist sie als „typisch belgisch-niederländisch" aus. Global betrachtet scheint die Wachtelfarbe tatsächlich in Belgien und den Niederlanden ihren Hotspot gefunden zu haben, zumal auch zwei weitere belgische Hühnerrassen, die Bassetten und Antwerpener Bartzwerge, genau wie die ursprünglich niederländischen Lakenfelder (siehe Band 1, S. 85), Variationen dieser Zeichnung zeigen.

Herkunft und Entstehung: Allein der Habitus der beschopften Brabanter Bauernhühner lässt keinen Zweifel daran, dass sie aus der Kombination von Hauben- und Sprenkelhühnern, die erstmals im 15. und 16. Jahrhundert in den Niederlanden sichtbar werden, mit indigenen Landschlägen hervorgegangen sind. Das hohe Alter der Rasse zeigt sich nicht zuletzt auf Gemälden belgischer und niederländi-

(1) In der fünften Lebenswoche kann man bei diesen aufgeweckten Brabanter Bauernküken schon gut Henne und Hahn anhand der Kämme und Kehllappen unterscheiden.
(2) Brabanter Bauernhähne sind aufmerksam und krähen relativ viel, was für alte Landrassen jedoch durchaus typisch ist.
(3) Durch den Federschopf am Hinterkopf der Brabanter Bauernhenne schiebt sich der Einfachkamm ein wenig nach vorne.

scher Meister des 17. Jahrhunderts, die schon weitestgehend dem heutigen Hühner-Typus entsprechen. Der Niederländische Fachbuchautor C. S. Th. van Gink vermutete eine nahe Verwandtschaft zu den Bassetten und Lakenfeldern, was vor dem genetischen Hintergrund von Wachtelfarbe und Lakenfelder-Zeichnung auch durchaus plausibel erscheint. 1903 wurde im Heimatland ein Spezialklub gegründet, nach Deutschland kamen Brabanter Bauernhühner erst 1993.

Erscheinungsbild: Brabançonne verkörpern eine ursprüngliche, leicht abfallende Landhuhnform mit gut entwickeltem Gefieder, Einfachkamm, weißen Ohrscheiben, blauen Läufen und dem charakteristischen Schopf, der bei der Henne zur Ausbildung eines Wickelkamms analog zu den Altsteirern und Sulmtalern führt. In Deutschland werden sie in Wachtelfarbig und Silber-Wachtelfarbig gezüchtet. Die Wachtelfarbe entsteht aus dem Zusammenwirken der Columbia-Zeichnung (e^b Co bzw. e^+ Co) mit dem Eumelanin-Verstärker Melanotic (Ml), der speziell bei den Hennen eine Intensivierung der der schwarzen Zeichnung bewirkt. In Belgien existiert von beiden Farbenschlägen auch eine Blau-Variante, und in der Schweiz, wo die Rasse ihre größte Fangemeinde abseits der ursprünglichen Heimat gefunden hat, kommt sie auch in Weiß, Schwarz und Gelb-Schwarzcolumbia vor.

Leistungseigenschaften: Brabanter Bauernhühner gelten allgemein als gute Leger, denen eine Leistung von ca. 170 weißen, mindestens 60 g schweren Eiern bescheinigt wird. Dieser Wert wird von den relativ kleinen deutschen Beständen lt. BDRG-Zuchtbuch nicht erreicht, wo Maximalwerte von knapp 120 Eiern gelistet sind. Besonders beachtenswert ist die Nutzungsdauer, denn auch mehrjährige Hennen legen oft noch moderat bis ins hohe Alter.

Wesenseigenschaften: Da die robusten und anspruchslosen Landhühner eher zurückhaltend sind und oft nur langsam Vertrauen zum Halter fassen, haben sie in den letzten Jahren in der Halter-Szene viel an Boden verloren. Denn hier geht der Trend mehr hin zu ruhigen und zahmen Hühnern. Das ist schade, denn der aufgeweckte und lebhafte Charakter der Bauernhühner bringt gerade in der Freilaufhaltung viele Vorteile mit sich und sorgt dafür, dass die Hühner auf sich selbst aufpassen können. Da sie zudem gute Futtersucher sind, wäre eine weitere Verbreitung bei Selbstversorgern wünschenswert.

Bruttrieb: Ein Teil der Hennen wird regelmäßig in den Frühlingsmonaten brütig. Sie sind in der Regel ausgeglichene Glucken, die auch größere Scharen von 12–14 Küken erfolgreich aufziehen.

Empfehlungen für Zucht und Haltung: Wegen ihres aktiven Wesens eignen sich Brabanter Bauernhühner vorwiegend für eine Freilaufhaltung auf dem Hof mit möglichst großem Auslauf. Wegen ihrer Flugfähigkeit sollten die Umzäunungen entsprechend hoch oder der Auslauf mit Netzen überspannt sein. Für eine Garten- oder Volierenhaltung sind sie weniger geeignet. Der kompakte, nach hinten „frisierte" Federschopf sollte das Gesichtsfeld nicht einschränken. Er darf dem freien Blick zuliebe weder übermäßig groß werden, noch soll er bis zur Unkenntlichkeit reduziert sein.

(1+2) Der Vollbart ist beim Farbschlag Chamois-Weißgetupft weiß gefärbt und hat darum insbesondere den Hähnen den Beinamen „Gefiedertere Nikoläuse" eingebracht.
(3) Bei den Hennen ist das Farbbild der Tupfung besonders gleichmäßig im ganzen Gefieder vorhanden, mit Ausname des Kopfes und der Bärte.
(2 + 4) Auf Ausstellungen sieht man Thüringer Barthühner am häufigsten in ihrer Heimat. Hier die beiden Farbenschläge Chamois-Weißgetupft und Rebhuhnhalsig.

Thüringer Barthühner

Die älteste mitteldeutsche Hühnerrasse war nach dem zweiten Weltkrieg besonders in Westdeutschland nahezu verschwunden. Glücklicherweise gelang es, die Bestände nach und nach wieder aufzubauen und zumindest bei den Ursprungsfarbenschlägen weitgehend zu stabilisieren.

Herkunft und Entstehung: Als Basis der heutigen Thüringer Barthühner gilt ein Landschlag des Thüringer Waldes, der seinerzeit als „Pausbäckchen" bezeichnet wurde und aus der Kombination der indigenen „Otterköpfchen" mit Haubenhuhn-Verwandten hervorging. Unklar ist lediglich, ob es sich dabei um Paduaner handelte, die im 18. Jahrhundert in Thüringen sehr beliebt waren, oder um bärtige Hau-

(1) Türinger Barthenne in Silber-Schwarzgetupft.
(2) Ein deutlicher Grünlack ist hier in der schwarzen Tupfung des Gefieders gut ersichtlich.
(3) Thüringer Barthahn in Silber-Schwarzgetupft.

benhühner, die während des 30-jährigen Krieges von Böhmischen Einwanderern mitgebracht wurden. Erstmals beschrieben wurde die Rasse 1793, wobei seinerzeit vor allem die Gold- und Silber-Schwarzgetupften besondere Erwähnung fanden. Ein erster Standardentwurf von 1898 belegt bereits die Existenz von elf Farbvarianten. Als die Zucht nach dem Zweiten Weltkrieg wieder reaktiviert wurde, avancierten die Schwarzen zum häufigsten Farbenschlag, deren genetische Zusammensetzung sich mittlerweile jedoch recht weit vom Ursprungstyp entfernt hat. So ist ihr Genpool heute zu ca. 40 % asiatischer Herkunft, was aus der Einkreuzung von Australorps nach dem Zweiten Weltkrieg resultiert. Auf der anderen Seite spiegelt der ca. 60 % umfassende europäische Anteil mit einer starken westeuropäischen (gut 30 %) und einer etwas schwächeren, aber immer noch hochfrequenten osteuropäischen Komponente (knapp 20 %) die frühe Entstehungsgeschichte aus mitteleuropäischen Landschlägen und Haubenhühnern sehr gut wider.

Die getupften Varianten, bei denen sich Einkreuzungen im Wesentlichen auf die relativ nah verwandten Hamburger Lackhühner beschränkten, dürften dem Ursprungstyp näher stehen. Dafür spricht auch die klare Einordnung ihrer partiellen Nachfahren, der schwarz-weißgedobbelten Bergischen Schlotterkämme, in den Zweig der indigenen europäischen Rassen (ROMANOW & WEIGEND 2001).

Erscheinungsbild: Thüringer Barthühner zeigen einen mittelgroßen, walzenförmigen Landhuhntyp mit voller Befiederung, waagerechter Haltung, eher kleinem Einfachkamm und, je nach Farbenschlag, schieferfarbigen bis fleischfarbigen Läufen. Charakteristisches Merkmal ist der volle ungeteilte Federbart mit Halskrause, der die Ohrscheiben und sehr kleinen Kehllappen komplett verdeckt.

Anerkannte Farbenschläge sind
- Schwarz, Weiß, Blau-Gesäumt, Gesperbert, Gelb
- Gold-Schwarzgetupft, Silber-Schwarzgetupft, Chamois-Weißgetupft
- Rebhuhnhalsig

Die getupften Farbenschläge entsprechen genetisch den lackfarbigen Hamburgern mit der Allelkombination E^R Pg Db Ml. Während die Gold- und Silber-Schwarzgetupften von Beginn an vorhanden waren, entstanden die Chamois-Weißgetupften in den 1950er Jahren aus der Zufallskreuzung gold-schwarzgetupfter Hennen mit einem weißen Leghornhahn. Ihre Weißtupfung basiert daher zumeist auf dem dominanten Weiß (I), kann aber auch auf dem Andalusierweiß, also dem reinerbig vorliegenden Splash-Faktor Bl, beruhen. Rebhuhnhalsige entstanden in den 1950er Jahren aus Gold-Schwarzgetupften, Altsteirern, Welsumern und rebhuhnhalsigen Rheinländern.

Leistungseigenschaften: Thüringer Barthühner sind gute Legehühner, deren Leistung im Bereich zwischen 130 und 190 weißen Eiern mit einem Gewicht von mindestens 53 g einzuordnen ist. Besonders gute Leistungen werden den Chamois-Weißgetupften und den Schwarzen bescheinigt, was sicher auch auf den Einfluss der Leghorn und Australorps zurückgeht.

Wesenseigenschaften: Wie andere Landhuhnrassen auch sind Thüringer Barthühner aktive und lebhafte, durchaus flugfähige Tiere. Sie gelten als eifrige Futtersucher und gut angepasst an das Klima rauer Mittelgebirgsregionen. Bei entsprechender Zuwendung und Betreuung werden sie schnell zahm und fressen aus der Hand, bleiben jedoch weiterhin leicht erregbar.

Bruttrieb: Der Bruttrieb der Hennen ist eher gering ausgebildet, variiert jedoch zwischen den einzelnen Farbenschlägen und Zuchtlinien.

Empfehlungen für Zucht und Haltung: Aus Sicht der Erhaltungszucht ist ein besonderer Fokus auf die getupften Farbenschläge zu legen, da sie wohl den ursprünglichen Typ genetisch am besten repräsentieren. Aus diesem Grund sollten Einkreuzungen, speziell von Rassen asiatischer Herkunft, komplett unterbleiben und geschlossene Erhaltungszuchtprojekte für diese Farbenschläge initiiert werden. Wegen des lebhaften Wesens empfehlen sich geräumige Ausläufe mit entsprechend hoher Umzäunung oder Netzen, während an den Stall keine besonderen Ansprüche gestellt werden. Weichfutter wird zwar sehr gerne angenommen, sollte jedoch nicht feucht sein, da es ansonsten den Bart verkleben kann. Besondere Bedeutung sollte auch dem Erhalt der guten Legeleistung beigemessen werden.

Zwergform: Zur Herauszüchtung der Thüringer Zwerg-Barthühner gab es mehrere Anläufe. So wurden die ersten Schwarzen bereits 1919 in einer Berliner Zucht aus der Großrasse und seinerzeit noch vorhandenen einfachkämmigen Antwerpener Bartzwergen erzüchtet. Erste Weiße entstanden in der Heimatregion um 1950.

Die Basis der heutigen Bestände bilden jedoch Züchtungen, die seit den 1960er Jahren sowohl in Thüringen als auch in Westdeutschland begonnen wurden. Während einfachkämmige schwarze Antwerpener Bartzwerge, weiße und blau-gesäumte Zwerg-Rheinländer, schwarze Deutsche Zwerghühner und schwarze sowie weiße Tiere der Großrasse die Basis der Farbenschläge Schwarz, Weiß und Blau-Gesäumt bildeten, gehen die Silber- und Gold-Schwarzgetupften auf einen spalterbigen silbernen Hahn der Großrasse mit Goldfaktor und Zwerg-Hamburgerhennen in Silberlack zurück. Hinzu kamen jeweils noch schwarze Thüringer Bartzwerge und bei den Gold-Schwarzgesäumten Tiere der Großform.

Gelbe gingen aus Gold-Schwarzgetupften sowie den jeweils gelben Varianten der Zwerg-Orpington, bärtigen Federfüßigen Zwerghühner und Zwerg-Plymouth-Rocks hervor, Gesperberte aus schwarzen Thüringer Bartzwergen, Zwerg-Plymouth-Rocks, Zwerg-Amrocks, Zwerg-Italienern, Antwerpener Bartzwergen und blau-gesperberten Zwerg-Niederrheinern.

Tiere, die bei der Erzüchtung roter Antwerpener Bartzwerge angefallen waren und sich z. T. auf Zwerg-Rhodeländer und Chabo zurückführen lassen, bildeten die Basis der 1968 in Westdeutschland anerkannten Roten. Ihnen folgten die Rebhuhnhalsigen, an deren Entstehung rebhuhnhalsige Zwerg-Rheinländer und Italiener, Zwerg-Welsumer, Zwerg-Altsteirer sowie gold- und wildfarbige Deutsche Zwerghühner beteiligt waren.

Chamois-Weißgetupfte wurden 1983 erstmals präsentiert. Ihre Basis bildeten entsprechend gefärbte Tiere der Großrasse und gold-schwarzgetupfte Zwerge. Genau wie bei den Großen kann ihre Weißtupfung auch auf dem Splash-Faktor Bl beruhen, sodass aus ihrer Kombiantion mit Gold-Schwarzgetupften schließlich als jüngste Variante die Gold-Blaugetupften hervorgingen. Die Legeleistung der Thüringer Zwerg-Barthühner variiert im Bereich zwischen 100 und 160 weißen, mindestens 37 g schweren Eiern. Bezüglich Wesenseigenschaften und Bruttrieb gelten die Attribute der Großrasse. Wegen ihrer geringeren Größe sind sie jedoch noch etwas flugtüchtiger und agiler als die Großen.

Diese Cornuta sind Direktimporte aus Sizilien und entsprechen einem ländlichen Typ ohne Übertypisierung der Merkmale.

Ostmediterrane und Westasiatische Rassen

Diese Verwandtschaftsgruppe umfasst die Rassen des östlichen Mittelmeerraums, Kleinasiens, Ägyptens und des Nahen Ostens.

Mit den Sizilianischen Hörnerkämmen schließt der vorliegende Band 2 der Happy-Huhn-Hühnerrassen unmittelbar an die im ersten Band beschriebenen Sizilianischen Kronenkämme an. Außerdem werden die in ihrem Heimatland überaus populären türkischen Denizli Horozu porträtiert.

Sizilianische Hörnerkämme (Cornuta di Sicilia und Cornuta di Caltanisetta)

Ebenso wie die bereits in Band 1 vorgestellten Sizilianischen Kronenkämme (Seite 96) repräsentieren auch die Cornuta einen Landhuhnschlag mit doppelter Kammanlage. Im Gegensatz zu ersteren tragen sie jedoch keine verdoppelten Kammblätter, sondern wie die La Flèche und viele andere Haubenhuhnverwandte einen Hörnerkamm, der je nach Zuchtlinie in unterschiedlicher Form und Größe ausgeprägt sein kann. Leider werden die sizilianischen Hühnerrassen von der Mehrheit der zeitgenössischen Hühnerbücher vollständig ignoriert, weshalb sie in dieser Buchreihe ganz besondere Aufmerksamkeit erhalten sollen.

Herkunft und Entstehung: Da Hühner vom Habitus der Cornuta regelmäßig auf sizilianischen und süditalienischen Keramikgefäßen, Schnitzereien, Gemälden und sogar Stickereien der letzten 500 Jahre dargestellt sind, ist ihr hohes Alter, anders als bei vielen anderen alten Rassen, hinreichend belegt. Auch sprechen diese Darstellungen für einen hohen regionalen Bekanntheitsgrad, vergleichbar mit dem der Altenglischen Kämpfer oder Bergischen Kräher im west- und mitteleuropäischen Raum. Ihre nächsten Verwandten sind zweifellos die Sizilianischen Kronenkämme, mit denen sie besonders im bäuerlichen Umfeld nicht selten in gemischten Stämmen gehalten werden, also aus genetischer Sicht eine Einheit bilden. Eine Situation, wie sie auch bei den Bergischen Schlotterkämmen und Krüpern vorliegt. Einziger signifikanter Unterschied sind die Kammformen, die jedoch beide auf derselben Erbanlage, dem Allel D für den doppelten, zweiblättrigen Kamm, beruhen. Während jedoch bei den Kronenkämmen der Einfachkamm zugrunde liegt (wie auch beim

Eine weiße und eine blaue Cornuta-Henne der kurzhörnigen Variante.

Cornuta-Hennen in Weiß (1) und Blau (2).

(3) Hörnerkämmige Hühner werden auf Sizilien seit Jahrhunderten in diversen Typen gezüchtet.

Schmetterlingskamm der Houdan), ist ist es bei den Cornuta das Allel für den Hörnerkamm. Die Doppelkammanlage ist ganz sicher ein Erbe von Haubenhühnern, die maßgeblich an der Entstehung der beiden sizilianischen Rassen beteiligt waren. Dafür sprechen neben der Kammform auch die bereits genannten Keramikgefäße, die teilweise Tiere mit Schopf oder Haube abbilden. Auf der genetischen Ebene ist eine ähnliche bzw. identische Clusterung wie bei den Kronenkämmen (siehe Band 1, S. 96 f), bestehend aus dem Westeuropäischen (ca. 40 %), dem Westasiatisch-Nordostafrikanischen (ca. 25 %) und dem Osteuropäischen Cluster (ca. 15 %) zu erwarten. Sie ähnelt in ihrer Zusammensetzung den türkischen Rassen und spiegelt den Ausbreitungsweg von Kleinasien über den Mittelmeerraum nach Westen wider.

Heute gibt es zwei maßgebliche Zuchtrichtungen der hörnerkämmigen Sizilianer: Die Cornuta di Sicilia als ursprünglicher, den alten Darstellungen entsprechender Typ mit relativ geraden und gut mittellangen Hörnern sowie die von ihnen abgeleiteten Cornuta di Caltanisetta mit deutlich verlängerten, gebogenen „Stierhörnern", die stark an ein Watussirind erinnern. Man könnte beide Formen daher auch als die „Longhorns" und „Shorthorns" der sizilianischen Hühnerwelt bezeichnen.

Erscheinungsbild: Sizilianische Hörnerkämme ähneln in ihrem gesamten Erscheinungsbild den Sizilianischen Kronenkämmen und zeigen eine elegante Landhuhnform mit reicher Befiederung, weidengrünen Läufen, weiß-roten Ohrscheiben und orangeroten Augen. Sie kommen in allerlei Varianten der Wildfarbe (Gold- bzw. Rebhuhnhalsig, Wildbraun, Orangehalsig) ebenso wie in weißen, schwarzen und blauen Reinzuchten vor. Es gibt sogar Tiere mit Tupfung bzw. Halbmondsäumung.

Farblich einheitlicher sind die großhörnigen Cornuta di Caltanisetta. Sie werden offiziell ausschließlich in Goldhalsig gezüchtet und mit möglichst stark ausgeprägter Hornbildung gewünscht, wobei die Schwierigkeit darin liegt, dass beide Kammzapfen möglichst gleich lang und ebenmäßig ausgebildet

Vier Tage alte Küken der Sizilianischen Kronenkämme (3 x links) und Hörnerkämme (ganz rechts). Hier sind die Kämme bereits unterschiedlich ausgeprägt.

sein sollen. Von Spitze zu Spitze gemessen muss die Spannweite guter Zuchthähne hier die Zehn-Zentimeter-Marke deutlich überschreiten. Hennen haben in der Regel eine Spannweite von 6–9 cm.

Leistungseigenschaften: Die Legeleistung liegt im Mittel bei ca. 150 weißen bis zart cremefarbigen, etwa 50 g schweren Eiern. Doch auch Spitzenleistungen von bis zu 200 Eiern sind möglich. Die Tiere sind langlebig und behalten ihr Leistungsniveau über viele Jahre.

Wesenseigenschaften: Sizilianische Hörnerkämme sind umtriebige, aufmerksame Hühner und hervorragende Futtersucher. Menschen gegenüber sind sie eher distanziert, speziell wenn man sich nur wenig mit ihnen beschäftigt. Die Hähne sind stolz und temperamentvoll; sie vertragen sich untereinander häufig nur, wenn sie gemeinsam aufgewachsen sind und genügend Platz vorhanden ist.

Bruttrieb: Der Bruttrieb ist schwach ausgeprägt.

Empfehlungen für Zucht und Haltung: Da die langhörnigen Cornuta di Caltanisetta heute den basalen Cornuta di Sicilia fast immer vorgezogen werden, besteht die Gefahr, dass der ursprüngliche Typ verloren geht. Gelegentlich wird sogar geäußert, Letztere seien Kreuzungen, was natürlich jeglicher fachlichen Grundlage entbehrt. Die Sicilia sind nicht nur älter, sondern auch unkomplizierter in der Zucht und dürften daher für Erhaltungszüchter in nördlichen Gefilden sogar besser geeignet sein (Frostschäden an den Kämmen im Winter). Wenn eine Rasse stark „veredelt“ oder „verbessert“ wird, besteht immer die Gefahr, dass ihre Ausgangsform als minderwertig betrachtet wird und verschwindet. Hoffen wir, dass sich das bei den Sizilianischen Hörnerkämmen noch verhindern lässt. Beide Formen üben genug Faszination auf Hühnerhalter aus und haben als wertvolles Kulturgut Südeuropas eine Daseinsberechtigung. Aufgrund ihrer Aktivität und Flugfähigkeit sind die Hörnerkämme besonders für große Ausläufe geeignet, die mit einer hohen Umzäunung versehen oder mit einem Netz überspannt sind.

Foto © Shutterstock/el cigarrito

Zwei Hähne in schwarz-silber, von denen der vordere erkennbar auch den Goldfaktor trägt, also spalterbig ist.

Denizli Horozu (Denizli-Kräher)

Fragt man in Deutschland jemanden, ob er weiß, was ein Bergischer Kräher ist, wird man in den meisten Fällen lediglich ein Achselzucken als Antwort erhalten. Ganz anders in der Türkei. Fragt man dort jemanden nach einem Denizli horoz, weiß er im Normalfall sofort, dass es sich dabei um die traditionelle heimische Langkräherrasse handelt und „schreien wie ein Denizli horoz“ ist eine allgemein bekannte und verbreitete Analogie. Mehr noch: In der Heimatstadt der Rasse, dem westtürkischen Denizli, findet man nicht nur verschiedene, mehrere Meter hohe Statuen entsprechender Hähne, sondern auch eine staatlich geförderte Zuchtstation, in der mit mehreren hundert Zuchttieren der Fortbestand der Rasse garantiert wird.

Foto © Shutterstock/Igor Grochev

Foto © Shutterstock/Igor Nejdet Duzen

(1) Ein typischer Denizli horoz.

(2) Meterhohe Statuen, wie hier in Pamukkale unweit von Denizli, zeugen von der Verehrung der Rasse im Heimatland.

Herkunft und Entstehung: Obwohl als gesichert gilt, dass sie seit Jahrhunderten in ihrer Heimatregion gezüchtet werden, liegen genaue Angaben zur Herkunft der Denizli nicht vor. Und gegen eine auf den ersten Blick plausible Verwandtschaft zu den Langkrähern des Balkanraumes und ihrer Nachfahren, der Bergischen Kräher, sprechen gleich zwei entscheidende Befunde:

- Die Kreuzungstiere aus Denizli und europäischen Langkrähern krähen schlechter als die jeweiligen Ausgangsrassen. D. h., die Rufe haben eine teils andere genetische Grundlage. Es ist sogar ein Fall überliefert, in dem ein F_1-Hahn zunächst wie ein Denizli begann, dann abbrach und erneut wie ein Bergischer Kräher startete. Im Gegensatz dazu sind die Rufe der europäischen Langkräher untereinander problemlos kombinierbar.
- Denizi Horuzu zeigen keinen direkten genetischen Bezug zu den übrigen Langkräherrassen.

In ihrer genetischen Zusammensetzung entsprechen sie recht genau den anderen türkischen Rassen, wie z. B. den Gerze. Dieses typische Muster beinhaltet einen deutlichen westasiatisch-nordostafrikanischen Anteil von knapp 30 %, kombiniert mit den beiden maßgeblichen europäischen Clustern (Westeuropa ca. 50 %, Osteuropa gut 15 %). Gegen eine nahe Verwandtschaft mit den Bergischen Krähern spricht die bei diesen kaum vorhandene westasiatisch-nordostafrikanische Komponente und ein ostasiatischer Einfluss, der für einen Bezug zu den japanischen Langkrähern sprechen würde, ist nicht erkennbar.

Somit sind die Denizli Horozu entweder das Resultat einer eigenständigen türkischen Entwicklung oder sie haben sich schon sehr früh, möglicherweise mit der Herausbildung des osteuropäischen Zweiges, von den europäischen Langkrähern abgespalten. Danach auftretende Mutationen und eine langanhaltende Isolation sorgten dann für die Unterschiede im Krähruf. Für eine lange Isolation, kombiniert mit einer starken Selektion, spricht auch das inselartige Vorkommen im Raum Denizli sowie die vergleichsweise große Homogenität des Erscheinungsbildes. Denn nur eine Kammform, ursprünglich nur ein Zeichnungsbild sowie eine einheitliche Lauffarbe sind für alte, unselektierte Landschläge eher ungewöhnlich.

Erscheinungsbild: Denizli Horozu zeigen eine ursprüngliche, kräftige, stolz aufgerichtete und leicht abfallende Landhuhnform auf gut mittelhoher Stellung. Sie sind mittellang befiedert, haben einen Einfachkamm, rote bis weiß-rote Ohrscheiben und dunkelgraue Läufe. Gelegentlich kommen sie auch mit Schopf vor. Im Heimatland gibt es ausschließlich die Färbungen Schwarz-Gold und Schwarz-Silber. Dabei handelt es sich genetisch um die Birkenfarbe E^R, die entweder mit dem Gold- (s^+) oder dem Silberfaktor (S) ausgebildet wird. Die Ausprägung des Zeichnungsbildes variiert jedoch stark und ist von untergeordneter Bedeutung. Die zusätzlich gezüchteten Schwarzen entstanden in den 1990er Jahren in Deutschland unter der Beteiligung der japanischen Tômaru.

Krähruf: Der Krähruf wird mit tiefer sonorer Stimme vorgetragen und erstreckt sich im Allgemeinen über 15–25 Sekunden. Vereinzelt können Längen von über 30 Sekunden erreicht werden. Wie auch bei den Kosovo-Krähern bleibt der Hahn während des Krähens zumeist stehen und hält den Kopf kontinuierlich nach oben.

Leistungseigenschaften: Die Legeleistung liegt im Mittel bei 140 weißen bis cremefarbigen, mindestens 55 g schweren Eiern.

Wesenseigenschaften: Die Tiere sind sehr robust, vital, aktiv, aufmerksam und gute Futtersucher, dabei jedoch alles andere als scheu oder schreckhaft. Es handelt sich um selbstbewusste Charaktertiere, die bei menschlicher Zuwendung sehr zahm werden können. Die Hähne bewachen und verteidigen ihre Herde fürsorglich.

Bruttrieb: Der Bruttrieb ist zwar grundsätzlich vorhanden, tritt aber nur mit geringer Frequenz in Erscheinung.

Empfehlungen für Zucht und Haltung: Durch ihre Robustheit und ihr vitales Wesen stellen Denizli Horozu keine besonderen Ansprüche an Stall, Auslauf und Haltung. Da die Hähne recht dominant sein können, ist es jedoch oft nicht möglich, mehrere von ihnen gemeinsam zu halten. In der Zucht sollte der Erhalt des spezifischen Krährufes oberste Priorität und Vorrang vor einer Selektion nach äußeren Merkmalen haben. Zu viele Kompromisse führen am Ende immer dazu, dass der Krähruf zurückgeht. Wie bei den anderen Langkräherrassen auch reicht auf der phänotypischen Ebene das Vorhandensein einer Reihe grundlegender, essenzieller Merkmale vollkommen aus, um die Zuchttauglichkeit eines Tieres zu attestieren. Sind diese vorhanden, sollten nur noch Krähruf und Wesensmerkmale über den Einsatz in der Zucht entscheiden.

Genetische Zusammensetzung der Denizli Horozu im Vergleich zu den türkischen Gerze und verschiedenen anderen Langkräherrassen

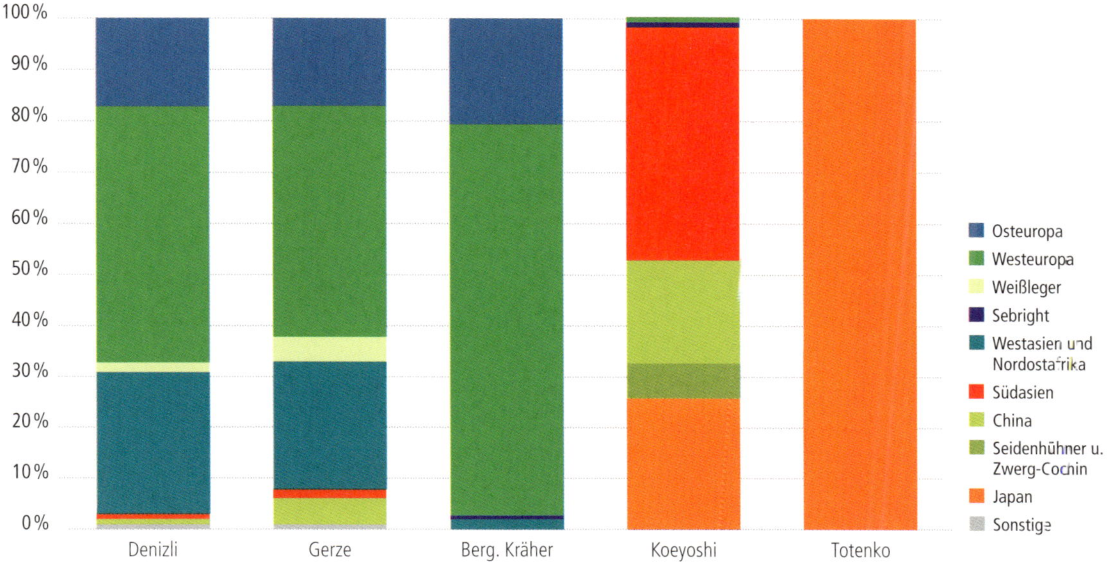

Vereinfachte Darstellung auf Basis der Admixture-Analyse im SYNBREED chicken diversity panel (MALOMANE et al. 2019).

1

Europäische Urzwerghühner

Die bis dato untersuchten europäischen Urzwergrassen sind nicht nur durch ihre geringe Größe, sondern auch durch ein gemeinsames genetisches Muster charakterisiert.

Mit den Federfüßigen Zwergen, den Belgischen Bartzwergrassen und den Holländischen Zwerghühnern werden auch in diesem Band wieder Vertreter aller Verwandtschaftsgruppen europäischer Urzwerge und verschiedener Merkmalskombinationen vorgestellt.

Federfüßige Zwerghühner

Federfüßige Zwerge sind in vielen Ländern der Welt bekannt und werden im englischen Sprachraum als „Booted Bantams", also „gestiefelte Zwerghühner", bezeichnet. Das beschreibt gut, wie diese Hühner auf den Betrachter wirken: Mit ihren befiederten Läufen sehen sie tatsächlich aus, als würden sie Schuhwerk tragen.

Auf Ausstellungen sind Federfüßige Zwerghühner oft in zahlreichen Farben zu sehen. Hier links ein Hahn (1) in Zitron-Porzellanfarbig und oben eine Henne in Rot mit weißen Tupfen (2).

Herkunft und Entstehung: Die Vorfahren der Federfüßigen Zwerghühner sind in Mitteleuropa seit vielen Jahrhunderten nachweisbar. Es waren bunte Zwerghühner, die man sich, abgesehen von der Fußbefiederung, in etwa wie die heutigen Steinpiperl oder die Bayerischen Landzwerge vorstellen darf. Schon bei Aldrovandi (Ornithologica, um 1600) werden Zwerghühner mit Fußbefiederung dargestellt, von denen ein Hahn auch schon die Anlage zur Porzellanfarbe zeigt. Weitere Beschreibungen aus Mitteleuropa und Russland stammen aus dem 17. und 18. Jahrhundert (WANDELT & WOLTERS 1998), wobei hier speziell „rotbunte" Tiere erwähnt werden.

Mit fast 65 % zeigt das Osteuropäische Cluster bei den ursprünglichen Porzellanfarbigen eine Frequenz, die noch über den Mittelwerten der Hauben- und Sprenkelhühner liegt. Auch das Vorkommen zahlreicher sehr ähnlicher federfüßiger und porzellanfarbiger, oft mit Haube oder Schopf ausgestatteter Zwerghühner im osteuropäischen und zentralasiatischen Raum (Bulgarische Zwerghühner = Strumsky Bantam, Altai Bantam) verweist auf einen Ursprung im Osten. Hinzu kommt, dass die Porzellanfarbe bzw. die „bunte" Zeichnung mit dem Scheckungs-Faktor Mottled (mo) an sich ein Marker für den osteuropäischen Ausbreitungszweig zu sein scheint, der nicht nur bei Zwergformen, sondern auch Großrassen wie z. B. den Orloff, Sandschak-Krähern, Strumsky Standard Chicken, Südwest Standard Chicken oder osteuropäischen

Nackthalshühnern anzutreffen ist. Der übrige Genpool der Porzellanfarbigen wird überwiegend durch das Südostasiatische Cluster gebildet, wobei unklar ist, ob diese Komponente schon in der osteuropäischen Heimat oder erst bei der späteren Konsolidierung als Schaurasse beigesteuert wurde.

Diese erfolgte schließlich im 19. Jahrhundert in England, nachdem die zuvor als „Garten-Zwerghühner" oder „Mille fleurs" bekannten Hühnchen, genau wie heute noch die Steinpiperl oder Bayerischen Landzwerghühner, mehr oder weniger selbstverständlich auf den Höfen „mitgelaufen" sind. Hühner dieses Typs wurden nicht nur nach Mitteleuropa verbreitet. Als türkische Form federfüßiger Zwerghühner werden dort die İspenç gezüchtet, die der europäischen Variante weitgehend gleichen, jedoch etwas kleiner sind und häufig mit Rosenkamm, Bart und fünf Zehen vorkommen.

Erscheinungsbild: Federfüßige Zwerghühner zeigen eine breite, abgerundete Form, voll befiederte Läufe mit ausgeprägter Mittelzehenbefiederung, Federstulpen und säbelförmig gebogene Sicheln des Hahns. Sie sind einfachkämmig, haben rote Ohrlappen und werden sowohl ohne als auch mit Bart gezüchtet. Die Lauffarbe variiert je nach Farbenschlag von hornfarbig über schieferblau bis schwarz. Die Befiederung der Läufe kann auf unterschiedlichen Erbfaktoren beruhen. Bekannt sind sowohl eine rezessive als auch eine (unvollständig) dominante Form. Erstere kommt bei Haubenhuhnverwandten wie den Breda vor, letztere, deren Ausprägungsgrad durch verschiedene Modifikatoren gesteuert wird, konnte zuerst bei Croad-Langschan nachgewiesen werden. Es ist anzunehmen, dass bei den Federfüßigen Zwerghühnern, in Abhängigkeit von der Entstehungsgeschichte der einzelnen Farbenschläge, beide Faktoren vorkommen. Die Ausbildung der Stulpen basiert auf einem rezessiven Allel.

Es werden zahlreiche Farbenschläge gezüchtet. Primär sind die Porzellanfarbigen, deren Zeichnungsbild aus dem Zusammenwirken der Columbia-Zeichnung (e^b Co bzw. e^+ Co) mit dem Mottled-Faktor (mo) entsteht. Die sekundären Farbenschläge entstanden unter Beteiligung ver-

(1) Der historisch bedeutsamste und auch heute noch zahlenmäßig stärkste Farbschlag bei den Federfüßigen Zwergen ist Porzellanfarbig.
(2+3) Kopfporträts von Hahn und Henne.
(4) Eine schwarze Henne mit weißen Tupfen.
(5) Weißgetupfte Tiere des schwarzen und blauen Farbschlages werden aufgrund der Spalterbigkeit von Blau auch in gemischten Stämmen gezüchtet.

schiedener anderer Rassen wie z. B. der Zwerg-Cochin oder Chabo.

Anerkannt sind:

- Gold-Porzellanfarbig, Gold-Blau-Porzellanfarbig, Isabell-Porzellanfarbig, Zitron-Porzellanfarbig, Silber-Porzellanfarbig, Gelb mit weißen Tupfen, Rot mit weißen Tupfen, Schwarz mit weißen Tupfen, Perlgrau mit weißen Tupfen
- Weiß, Schwarz, Blau-Gesäumt, Perlgrau, Rot, Gelb, Gestreift, Kennfarbig
- Goldhalsig, Blau-Goldhalsig, Silberhalsig, Orangehalsig, Rotgesattelt
- Birkenfarbig, Orangebrüstig
- Weiß-Schwarzcolumbia, Gelb-Schwarzcolumbia

Alle diese Varianten werden auch mit Bart gezüchtet. Die bärtige Form entstand zu Beginn des 20. Jahrhunderts länderübergreifend in Deutschland und den Niederlanden.

Leistungseigenschaften: Während die porzellanfarbig-basierten Farbenschläge zwischen 80 und 150, z. T. bis über 160 Eier legen, variiert die Legeleistung der anderen Farbenschläge vorwie-

gend zwischen 80 und 120 Eiern. Das Eigewicht beträgt mindestens 30 g, die Schalenfarbe ist weiß bis bräunlich.

Wesenseigenschaften: Federfüßige Zwerghühner zeigen in ihren Verhaltensweisen eine Mischung aus Zutraulichkeit und noch vorhandenen natürlichen Instinkten. So werden sie leicht handzahm, sind aber durchaus auch flugfähig. Die Hähne sind stets besorgt um das Wohl ihrer Damen und legen sich trotz ihrer geringen Größe zuweilen mit weit größeren Tieren an, sofern sie diese als Feinde betrachten. Es kann sogar vorkommen, dass sie „todesmutig" Nachbars Lumpi in die Flucht schlagen, wenn dieser etwa einer Glucke mit Küken zu nahe kommt.

Bruttrieb: Die Hennen werden zuverlässig und oft mehrmals im Jahr brütig. Bevor Seidenhühner als „lebende Brutmaschinen" beliebt wurden, waren Hennen der Federfüßigen Zwerghühner die erste Wahl, wenn es darum ging, Eier von anderen Hühnerrassen oder Fasanen und Rebhühnern ausbrüten zu lassen.

Empfehlungen für Zucht und Haltung: Da die Fußbefiederung leicht verschmutzen kann, ist hier ein wenig Aufmerksamkeit von Seiten des Halters gefordert. So sollten die Ausläufe möglichst trocken, frei von Matsch und im besten Fall teilweise überdacht sein. Seit Langem gelten diese Zwerghühner als gute Option für Leute, die eine Zierrasse für ihren gepflegten Garten suchen. Das heißt aber natürlich nicht, dass sie nicht zumindest versuchen würden zu scharren. Dank ihrer Herkunft und Geschichte sind sie hervorragend an kontinentaleuropäisches Klima angepasst und gelten trotz ihrer geringen Größe als kältetolerant, krankheitsresistent und robust.

Belgische Bartzwerghühner

Barthühner, also Hühner, die anstelle von Kehllappen auffällige Federbärte im Gesicht tragen, werden dank ihrer Niedlichkeit immer eine gewisse Fanbase haben. Sie werden schon seit vielen Jahrhunderten in Europa gezüchtet, worauf alte Bezeichnungen wie „Pausbäckchen", „Otterköpfchen" „Adlerköpfe" oder „Eulenbärte" hinweisen. Ein Hotspot europäischer Barthühner im Zwergformat ist sicherlich Belgien, wo im Laufe der Jahre gleich sechs solcher Rassen entstanden sind. Sie wiegen nicht viel mehr als ein halbes Kilo, haben keine großgewachsenen Pendants und lassen sich daher allesamt in die Kategorie „Urzwerge" (engl. true bantams) einordnen. Was die Beliebtheit der Bartträger im Miniaturformat anbelangt, so sind die Antwerpener als älteste Variante hier unangefochten die Nummer eins. Doch auch Grübbe, Watermaalsche, Bosvoorder, Ükkeler und Everberger Bartzwerge haben einen Liebhaberkreis gefunden und sind allesamt hochinteressante Rassen. Von den Antwerpenern unterscheiden sie sich durch die Ausbildung unterschiedlicher Spezialmerkmale. Sowohl bezüglich Herkunft als auch Charakter sind sie den Antwerpenern jedoch äußerst ähnlich und auch in Zucht und Haltung haben sie weitgehend die gleichen Ansprüche. Daher wollen wir hier alle sechs belgischen Bartzwergrassen gemeinsam beschreiben und in einem umfangreichen Portrait zusammenfassen.

Antwerpener Bartzwerg-Henne in Gold-Wachtelfarbig.

Foto © Shutterstock/Eric Isselee

(1) Antwerpener Bartzwerg-Küken des Farbschlages Gold-Wachtelfarbig am dritten Lebenstag.
(2) Im Farbschlag Silberhalsig unterscheiden sich Hahn und Henne der Antwerpener Bartzwerge farblich stark voneinander.
(3 bis 5) Das Hauptrassemerkmal aller Bartzwerge ist der Bart und der kann je nach Farbschlag einen starken farblichen Akzent zum restlichen Kopfbereich setzen, dabei gleichmäßig gefärbt oder individuell gescheckt sein.
(6) Antwerpener Bartzwerge unterschiedlichster Farbgebungen in einer freilaufenden Gartentruppe in den Niederlanden.

Herkunft und Entstehung: Die genaue Herkunft der Belgischen Bartzwerge ist nicht dokumentiert. Sicher ist nur, dass bereits auf Gemälden von Albert Cuyp aus dem 17. Jahrhundert vergleichbare wachtelfarbige Tiere abgebildet werden. Sowohl ihr Erscheinungsbild als auch ihre genetische Zusammensetzung legen jedoch nahe, dass es sich um Verwandte der Federfüßigen Zwerghühner handeln muss. Bärtige Rassen aus deren Umfeld begegnen uns z. B. in Form der der Türkischen İspenç, der Bulgarischen Zwerghühner (Strumsky Bantam) oder der Altai Bantam, die allesamt auch mit Rosenkamm vorkommen, was einen weiteren Link zu den Antwerpenern aufzeigt. Auch ist beiden eine sehr hohe Frequenz des Osteuropäischen Clusters mit knapp 65 % (Federfüßige Zwerge) und gut 55 % (Antwerpener) gemeinsam. Genetische Spuren haben zudem die Sebright hinterlassen, deren Cluster exakt 20 % einnimmt. In der Neighbor-Joining-Analyse bilden die Antwerpener und Grübbe die Schwestergruppe der Sebright und Bantam, die sich genetisch zwischen diesen und den Federfüßigen Zwerghühnern einordnet.

Alles in allem also Grund genug, die Belgischen Bartzwerge, speziell die Antwerpener als deren ursprünglichste Form, als einen Mix aus bärtigen Verwandten der Federfüßigen Zwerghühner und Sebright zu charakterisieren.

Genetische Zusammensetzung der wachtelfarbigen Antwerpener Bartzwerge und der Grübbe Bartzwerge im Vergleich zu den gold-porzellanfarbigen Federfüßigen Zwerghühnern und Sebright.

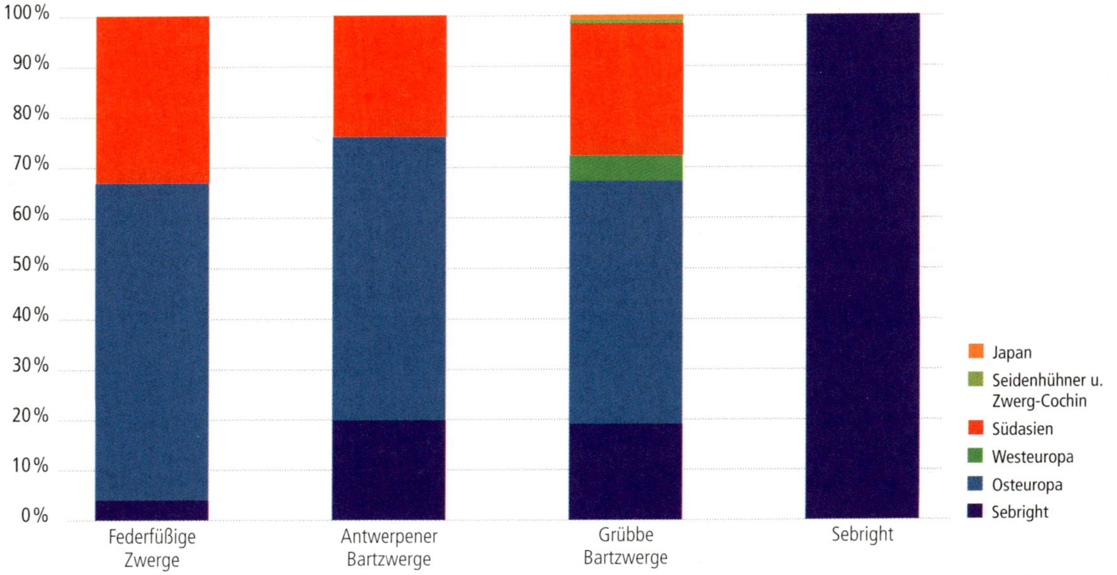

Vereinfachte Darstellung auf Basis der Admixture-Analyse im SYNBREED chicken diversity panel (MALOMANE et al. 2019).

Aus phylogenetischer Sicht hochinteressant ist zudem die Wachtelfarbe (e^b Co Ml), die auch bei anderen belgischen bzw. niederländischen Rassen wie den Bassetten, Brabanter Bauernhühnern und, in abgewandelter Form (eb Co Cha), den Lakenfeldern vorkommt (siehe Band 1, S. 85), ansonsten aber kaum bei europäischen Rassen verbreitet ist. Dies lässt auf eine Verwandtschaft all dieser Rassen schließen, wobei unklar bleibt, wer genau dieses Zeichnungsbild primär eingebracht hat. Die Antwerpener Bartzwerge wurden in den 1880er Jahren von der Rassegeflügelzucht entdeckt, vornehmlich auf dem großen Geflügelmarkt von Brüssel. Aus diesen Ausgangsbeständen wurde dann, bei zusätzlichem Import von Bartzwergen aus den Nachbarländern Holland, Frankreich und Deutschland, der heutige Typ entwickelt. Möglicherweise kam es speziell während dieser Phase zum Input der Sebright, die den kleinen, gedrungenen Typ mit den tief getragenen Flügeln maßgeblich geformt haben dürften.

Grübbe Bartzwerge repräsentieren die schwanzlose (kaulschwänzige) Variante der Antwerpener. Sie entstanden erstmals zu Beginn des 20. Jahrhunderts, überlebten jedoch den 1. Weltkrieg nicht. Eine erneute Züchtung erfolgte in den 1980er Jahren, wobei zu vermuten ist, dass hier Zwerg-Kaulhühner beteiligt waren. Ihre Clusterung (untersucht wurden verschiedene Farbenschläge) entspricht recht genau der Antwerpener Urform. Da die Kaulschwänzigkeit auf einem dominanten Allel (Rp = Rumpless) beruht, kann sie recht einfach auf andere Rassen übertragen und der ursprüngliche Genpool durch wiederholte Rückpaarungen an die Ausgangsrasse weitgehend wiederhergestellt werden.

Watermaalsche Bartzwerge unterscheiden sich von den Antwerpenern durch den Schopf und den dreigeteilten Dorn des Rosenkammes. Obwohl keine Quellen zu ihrer Entstehung vorliegen, gilt als sicher, dass sie zu Beginn des 20. Jahrhunderts aus Antwerpenern und Zwerg-Paduanern hervorgegangen sind. Belegt wird dies nicht nur

(1+2) Handzahme gold-wachtelfarbige Antwerpener Bartzwerge aus der gemischten Urzwerggruppe bei Garten-Hühnerhalterin Bettina.

durch den Schopf, sondern auch durch den Umstand, dass aus der Kombination von Rosenkamm (Antwerpener) und der Anlage zum Hörnerkamm (Paduaner) häufig ein dreidorniger Rosenkamm entsteht. Auch von ihnen gibt es eine schwanzlose Variante, die ***Bosvoorder Bartzwerge,*** die Ende des 20. Jahrhunderts in Belgien hervorgebracht wurde.

Ükkeler Bartzwerge entstammen der Idee, Antwerpener Bartzwerge mit Fußbefiederung zu erzüchten. Dazu wurden Anfang des 19. Jahrhunderts Antwerpener mit Federfüßigen Zwerghühnern verpaart, bevor man sich dann 1905 dazu entschloss, die neue Kreation doch als eigene Rasse zu präsentieren. Unmittelbar danach erschien auch ihre schwanzlose Form, die ab 1906 aus der Kombination von Ükkelern und schwanzlosen Landzwerghühnern entstanden ***Everberger Bartzwerge.***

Erscheinungsbild: Gemeinsam ist allen Belgischen Bartzwergen die gedrungene, breite und kurze Figur mit vorgewölbter Brust, steiler Schwanzhaltung, sehr tief getragenen Flügeln und, bei den geschwänzten Rassen, schwertförmigen Sicheln der Hähne. Die Ohrscheiben sind klein und durch den Bart verdeckt, die Lauffarbe variiert je nach Farbenschlag von fleisch- bzw. hornfarbig über blau bis schwärzlich. Das namensgebende Bartgefieder soll sich bei allen sechs Varianten stets aus gut ausgeprägten Kinn- und Backenbärten zusammensetzen und eine deutliche Halskrause zeigen. Die Bartbildung wird monogen vererbt und beruht auf einem weitgehend dominanten Faktor, der als Ba oder Mb bezeichnet wird (siehe Band 1, S. 117).

Unterschiede bestehen bezüglich Kammform, Schwanzausbildung sowie der Befiederung von Kopf und Läufen. Die folgende Tabelle gibt einen Überblick:

Rasse	Kammform	Kopfbefiederung	Schwanz	Läufe
Antwerpener	Rosenkamm	glattköpfig	vorhanden	glatt
Grübbe	Rosenkamm	glattköpfig	kaulschwänzig	glatt
Watermaalsche	dreidorniger Rosenkamm	Schopf	vorhanden	glatt
Bosvoorder	dreidorniger Rosenkamm	Schopf	kaulschwänzig	glatt
Ükkeler	Einfachkamm	glattköpfig	vorhanden	befiedert
Everberger	Einfachkamm	glattköpfig	kaulschwänzig	befiedert

Bartzwerge sind in erster Linie typische Showrassen, die auf keiner größeren Geflügelausstellung fehlen dürfen und daher auch in vielen Farbenschlägen gezüchtet werden. Während Antwerpener, Grübbe, Watermaalsche und Bosvoorder besonders in wachtelfarbig, teils auch in schwarz und gesperbert, sehr beliebt sind, dominieren bei den Ükkelern und Everbergern die porzellanfarbigen und gescheckten Farbenschläge als Erbe ihrer federfüßigen Ahnen.

Einen Überblick über die einzelnen Farbenschläge liefert die folgende Tabelle:

Farbenschlag	Antwerpener/ Grübbe	Waatermalsche/ Bosvoorder	Ükkeler/ Everberger
Wachtelfarbig	+	+	+
Blau-Wachtelfarbig	+	+	
Silber-Wachtelfarbig	+	+	
Perlgrau-Silber-Wachtelfarbig	+		
Weiß-Wachtelfarbig		+	
Goldhalsig	+		
Blau-Goldhalsig	+		
Silberhalsig	+		
Orangehalsig	+		
Rotgesattelt	+		
Schwarz	+	+	+
Weiß	+	+	+
Blau-Gesäumt	+	+	
Gesperbert	+	+	
Perlgrau	+		
Rot	+		+
Gelb	+	+	
Schwarz-Weißgescheckt	+	+	+
Perlgrau-Weißgescheckt	+	+	
Gold-Porzellanfarbig	+	+	+
Isabell-Porzellanfarbig	+	+	+
Gelb mit weißen Tupfen	+	+	+
Gold-Blaugetupft			+
Weiß-Schwarzcolumbia	+	+	
Gelb-Schwarzcolumbia	+		
Gelb-Blaucolumbia	+		
Silber-Schwarzgesäumt	+		

Ein absolutes Unikat unter den Zeichnungsbildern ist die bei den Watermaalschen und Bosvoordern anerkannte Farbgebung Weiß-Wachtelfarbig. Bei ihr kommt zur Gold-Wachtelfarbe noch der Faktor I für rezessives Weiß hinzu, sodass alle schwarzen Farbanteile weiß erscheinen und (analog zu Rotgesattelt) nur die Goldenen und Braunen verbleiben (eb Co Ml I s^+).

Leistungseigenschaften: Die Legeleistung der Gold-Wachtelfarbigen ebenso wie die der meisten anderen Antwerpener-Farbenschläge variiert im Bereich zwischen 60 und 90 weißen bis cremefarbigen, ca. 30 g schweren und auffallend rundlichen Eiern. Darüber liegen die Schwarzen mit 100–120 und die Schwarz-Weißgescheckten mit maximal sogar 160 Eiern, während die porzellanfarbigen Varianten mit 30–70 Eiern eher im unteren Bereich anzusiedeln sind. Die Leistung der übrigen Bartzwergrassen ist mit jener der Antwerpener vergleichbar und bewegt sich im Spektrum zwischen 40 und 90 Eiern.

Wesenseigenschaften: Bartzwerge sind grundsätzlich sehr am Menschen interessiert, nehmen gerne Kontakt zum Halter auf, und wer sich täglich mit ihnen ein wenig beschäftigt, wird mit den kecken Kobolden sehr schnell Freundschaft schließen. Der ruhige Grundcharakter darf aber nicht darüber hinwegtäuschen, wie umtriebig und flugfreudig Bartzwerge sein können. Lässt man sie frei im Garten laufen, kann es durchaus vorkommen, dass auch die Nachbargrundstücke intensiv erkundet werden.

Bruttrieb: Bartzwerg-Hennen sind auch als Glucken nicht zu unterschätzen und schaffen es immer wieder, bis zu zehn Eier erfolgreich auszubrüten. Die winzigen Küken sind anfangs leider recht empfindlich, weshalb Glucke und Küken in den ersten Wochen kälte- und windgeschützt untergebracht sein sollten.

Empfehlungen für Zucht und Haltung: Bartzwerge sind in einem gepflegten Privatgarten mit abgesicherten Auslauf besser aufgehoben als

(1) Immer wieder starten Bartzwerg-Fans mit der Erzüchtung weiterer Farbschläge, wie dieser prächtige Hahn in Mahagoni veranschaulicht.
(2) Bartzwerg-Hahn im Farbschlag Schwarz-Weißgescheckt.
(3) Waatermalscher Bartzwerg-Hahn in wachtelfarbig.
(4) Antwerpener Bartzwerg-Henne in Blau-Gesäumt.

freilaufend auf einem Bauernhof. Aufgrund ihrer geringen Größe und des vertrauensseligen Naturells sind sie besonders gefährdet, von Katzen und anderen Beutegreifern als Nahrung betrachtet zu werden. Eine raubtiersichere Unterbringung ist daher eine Grundvoraussetzung für ihre Haltung. Auch sollten die Federbärte regelmäßig auf Verklebungen und Verschmutzungen überprüft werden. Damit sie sich beim Trinken nicht vollsaugen, empfehlen sich spezielle Ringeinlagen für die Wasserspender. Ausgewachsene Bartzwerge sind sehr kältetolerant und robust, was die Anfangsschwierigkeiten bei den etwas empfindlichen Küken wieder wettmacht.

Holländische Zwerghühner

Die niederländische Hühnerzucht ist möglicherweise die einflussreichste in Mitteleuropa, insbesondere vor dem Hintergrund der geringen Fläche des Landes. Es ist nur halb so groß wie Österreich, hat aber gleich fünfmal so viele Geflügelrassen hervorgebracht. Und auch zur Zucht extrem kleinwüchsiger Zierhühner haben die Niederländer einen Beitrag geleistet: Das Holländische Zwerghuhn.

Herkunft und Entstehung: Auch wenn keine konkreten Quellen zur Entstehung der Holländischen Zwerghühner vorliegen, gilt als sicher, dass sie von alten Landzwerghühnern der vermutlich ersten Ausbreitungswelle (siehe Band 1, S. 98 f) abstammen. Diese waren früher in ganz Europa verbreitet und bildeten die Basis zahlreicher vergleichbarer Rassen wie der Schwedischen, Französischen (Pictave), Belgischen, Waasschen oder Deutschen Zwerghühner. Und als ebenso wahrscheinlich kann angenommen werden, dass ihre nächsten Verwandten die benachbarten Belgischen Zwerghühner sind, denen sie hinsichtlich Form, Erscheinungsbild und Körpermaßen (Größe, Gewicht) weitgehend gleichen. Einziger wesentlicher Unterschied ist die Farbe der Ohrscheiben, die bei den Belgischen Zwergen rot, bei ihren niederländischen Verwandten jedoch weiß sind.

Ob bei den Holländischen Zwergen ähnlich wie bei den Bantam, Sebright, Bartzwergen, Deutschen und Federfüßigen Zwerghühnern auch ein südostasiatischer Einfluss hinzugekommen ist, muss derzeit noch offen bleiben. Die zumindest bei den ursprünglichen Farbenschlägen weißschaligen Eier ohne gelbliche oder cremefarbige Pigmentierung lassen eher auf eine ausschließlich europäische Herkunft schließen. Erstmals erwähnt wird die Rasse Mitte des 19. Jahrhunderts, doch dürfte sie weitaus älter sein. Zwerghühner waren früher in den Niederlanden besonders bei Kleinbauern sehr beliebt, da ihre kleinen Eier im Gegensatz zu denen der Großrassen bei den landadeligen Feudalherren nicht als Abgaben dienten. Die Etablierung als anerkannte Rasse erfolgte 1906.

Erscheinungsbild: Holländische Zwerghühner sind sehr kleine, zierliche Hühner mit gedrungenem Körperbau, vorgewölbter Brust, runder Linienführung, abwärts gerichteten Flügeln, voller, langer Befiederung und knapp mittelhoher Stellung. Mit einem Standardgewicht von 400–550 g zählen sie zu den allerkleinsten Hühnerrassen Europas und sollen optisch den Habitus eines eleganten, leichtfüßigen und „kurvenreichen" Landhuhnes im Miniaturformat verkörpern. Sie tragen einen Einfachkamm, haben weiße Ohrscheiben und je nach Farbenschlag fleischfarbige, hellblaue oder dunkel schieferblaue Läufe.

Von den zahlreichen Farbvarianten sind die ursprünglichen Gold- und Silberhalsigen nach wie vor die häufigsten. Allein die Goldenen machen in Deutschland über ein Drittel der Zuchten aus, zusammen mit den Silbernen ist es fast die Hälfte.

(1) Holländische Zwerghühner sieht man fast bei jeder Geflügelschau. Dieser Hahn zählt zum Farbschlag Goldhalsig.
(2) Kopfporträt eines Hahns im Farbschlag rotgesattelt.
(3) Holländische Zwerghühner sollten aufgrund ihrer geringen Größe nur mit Bedacht freilaufend gehalten werden. Hier sind gold- und silber-wachtelfarbige Tiere zu sehen.
(4) Ein krähfreudiger Holländischer Zwerghahn im Farbschlag Silber-Weizenfarbig.
(5+6) Holländische Zwerghenne in Blau-Silberhalsig.

Weiterhin anerkannt sind:

- Orangehalsig, Blau-Goldhalsig, Blau-Silberhalsig, Dun-Silberhalsig, Rotgesattelt
- Gold-Weizenfarbig, Silber-Weizenfarbig, Lachsfarbig
- Gelb-Schwarzcolumbia, Wachtelfarbig, Silber-Wachtelfarbig
- Weiß, Schwarz, Schwarz-Weißgescheckt, Blau, Perlgrau
- Gesperbert, Kennfarbig

Leistungseigenschaften: Die basalen Gold- und Silberhalsigen legen jährlich zwischen 100 und 130 weiße, mindestens 28 g schwere Eier. Aufgrund unterschiedlicher Ausgangsrassen bei der Herauszüchtung variiert die Leistung der übrigen Farbenschläge stärker und ist überwiegend im Spektrum zwischen 80 und 140 Eiern einzuordnen. Besonders gute Leistungen sind von den Kennfarbigen, Rotgesattelten und Gold-Weizenfarbigen dokumentiert.

Wesenseigenschaften: Holländische Zwerghühner sind lebendige, quirlige, aber auch sehr zutrauliche Hühner mit vertrauensvollem, gutmütigem Wesen. Trotz ihrer geringen Größe sind sie erstaunlich robust und wenig kälteempfindlich. Ihr geringes Gewicht ermöglicht ihnen eine gute Flugfähigkeit.

Bruttrieb: Die Ausprägung des Bruttriebs ist bei den Holländischen Zwerghühnern stark abhängig vom jeweiligen Farbenschlag. Gute Glucken sind besonders von goldhalsigen, silberhalsigen, orangehalsigen, gold-weizenfarbigen und wachtelfarbigen Stämmen bekannt.

Empfehlungen für Zucht und Haltung: Holländische Zwerghühner sind ein sehr gutes Beispiel dafür, dass Hühnerzucht auch unter beengten Verhältnissen möglich ist. Für ein Trio lässt sich beispielsweise schon ein Freilauf von wenigen Quadratmetern abwechslungsreich ausstatten und gestalten. Vorteilhaft ist auch, dass die Hähne nicht sehr laut krähen und der Krähruf zudem eher kurz ist. Alle diese Vorteile, in Kombination mit der optischen Perfektion, machen es möglich, sich an diesen Hühnern auch in kleinen Vorstadtgärten zu erfreuen. Es empfiehlt sich aber, die kleinen Hühner katzensicher unterzubringen, denn ihre geringe Größe macht sie sonst zur leichten Beute. Holländische Zwerge sind erstaunlich robust und sogar relativ kältetolerant. Der Stall sollte jedoch windgeschützt sein und ihnen Rückzugsmöglichkeiten bieten. Wegen ihrer Flugfähigkeit sollten die Gehege am besten mit Draht oder Netzen überdacht sein.

Den klein wirkenden Kopf des Kraienkopp-Hahns schmückt ein schmal gehaltener Wulstkamm.

Rassen gemischter Herkunft

Die hier vorgestellten Rassen bilden keine Verwandtschaftsgruppe im eigentlichen Sinn und sind auch nicht durch spezifische gemeinsame Merkmale charakterisiert. Gemeinsam ist ihnen lediglich ein gemischter Genpool aus unterschiedlichen Herkünften.

Mit den Kraienköppen, Vorwerkhühnern, Sachsenhühnern, Schwedischen Blumenhühnern und Araucana stellen wir in diesem Band verschiedene Rassen gemischter Herkunft vor, die habituell ganz unterschiedliche Phänotypen zeigen und teilweise über außergewöhnliche Merkmals-Kombinationen verfügen.

Kraienköppe (Twenter Huhn)

Im Gegensatz zu anderen Rassen europäisch-asiatischer Herkunft erhielten die Kraienköppe ihren asiatischen Anteil nicht von Rassen des Cochin-, sondern des Malaientyps. Auf diese Art entstand ein elegantes Landhuhn mit Kämpfer-Attributen, das habituell ein wenig an die japanischen Satsumadori oder entfernt sogar an die Sumatra erinnert und so eine gewisse Exotik versprüht.

Herkunft und Entstehung: Kraienköppe entstanden in der an Deutschland angrenzenden niederländischen Region Twente. Hier kreuzte man Mitte des 19. Jahrhunderts Belgische und Altenglische Kämpfer, Malaien und lokale Landhühner mit dem Ziel, ein Huhn für den Kampfplatz zu schaffen. Das Resultat war ein silberhalsiges Kampfhuhn mit Landhuhneinschlag, das 1884/85 erstmals gezeigt wurde. Nach dem Verbot des Hahnenkampfs erfolgte mithilfe von silberhalsigen Niederländischen Leghorn (vergleichbar unseren silberfarbigen Italienern) eine Umzüchtung auf jenen legebetonten Landhuhntyp mit langem, vollem Gefieder, den wir heute kennen. Die Einfuhr nach Deutschland erfolgte 1925. Im Heimatland werden Kraienköppe auch als Twenter-Hühner bezeichnet, nicht zuletzt auch, um eine Verwechselung mit den in den Niederlanden als „Kraaikoppen" bezeichneten Breda zu verhindern.

Die relativ aufgerichtete Körperhaltung lässt auch die Kraienkopp-Hennen größer wirken, als sie es bei ihrem Gewicht von maximal 2,5 kg tatsächlich sind.

Erscheinungsbild: Wie bereits zu Beginn dargestellt, erinnert der Typ der Kraienköppe ein wenig an elegante Langschwanzrassen wie die Sumatra, obwohl hier keine nähere Verwandtschaft besteht. Dieser Eindruck resultiert aus ihrer leicht aufgerichteten Haltung mit den fließenden Linien und dem ausgeprägten, voll besichelten Schwanz des Hahns.

Als Erbe der Malaien haben die Kraienköppe ein kämpferartiges Kopfprofil mit einem kompakten, schmalen Wulstkamm und reduzierten Kehllappen, wovon sich ihr deutscher Name (Kraienkopp = Kräherkopf) ableitet. Die Ohrlappen sind rot, die Läufe gelb.

Neben den Silberhalsigen waren auch Goldhalsige schon sehr früh vorhanden, doch bis in die 1960er Jahre äußerst selten. Heute sind sie relativ gut verbreitet. In neuerer Zeit kamen noch Orangehalsige, Blau-Goldhalsige und Rotgesattelte hinzu.

Leistungseigenschaften: Der Einfluss der Niederländischen Leghorn hat die Kraienköppe zu guten Legehühnern werden lassen. Die Silberhalsigen legen recht konstant 150–160 weiße bis hellgelbe, mindestens 55 g schwere Eier, die Leistung der Goldenen variiert etwas mehr und ist im Bereich von 110–160 Eiern einzuordnen. Spitzenwerte von über 200 Eiern sind von den jüngeren Farbenschlägen wie den Blau-Goldhalsigen bekannt, sicher ein Heterosiseffekt infolge diverser Einkreuzungen bei der Herauszüchtung.

Lässt die Legeleistung nach, kreuzen niederländische Züchter bis heute silberhalsige Leghorn ein, um eine schnelle Verbesserung zu erzielen. Da diese eine maßgebliche Komponente bei der Erzüchtung waren, ein durchaus legitimes Verfahren, so lange es nicht das Ausmaß einer Verdrängungskreuzung annimmt. In diesem Kontext ist auch eine zunehmende Aufhellung der Eischalenfarbe zu beobachten, die von ursprünglich cremefarbig immer stärker in Richtung weiß tendiert.

Wesenseigenschaften: Kraienköppe sind robuste, aktive Landhühner, dabei aber standorttreu und gute Futtersucher. In vielen Eigenschaften, so z.B. ihrer Flugfähigkeit, gleichen sie den Italienern, sind jedoch deutlich ruhiger und ausgeglichener.

Sie können sehr zahm werden und gelten in Züchterkreisen als lernfähig und intelligent. Die Hähne sind wachsam und verteidigen mutig ihre Herde gegenüber Greifvögeln, Krähen oder Katzen, können untereinander aufgrund ihrer Kämpfer-Vorfahren aber vergleichsweise unverträglich sein.

Bruttrieb: Auch wenn brütende Hennen hin und wieder beobachtet werden, ist der Bruttrieb insgesamt als eher gering einzustufen.

Empfehlungen für Zucht und Haltung: Kraienköppe sind optimale Hühner für die Haltung im Freiland oder in einem geräumigen Gehege. Besondere Ansprüche an Stall und Auslauf stellen sie nicht. Es ist lediglich zu beachten, dass die Umzäunungen aufgrund ihrer Flugfähigkeit nicht zu niedrig sein sollten. Die Haltung mehrerer Hähne in einer Herde empfiehlt sich nicht. Probiert man es trotzdem, sollte ihre Verträglichkeit untereinander stets im Auge behalten werden.

Zwergform: Zwerg-Kraienköppe entstanden ab ca. 1940 in den Niederlanden zunächst im silberhalsigen Farbenschlag. Welche Ausgangsrassen hierbei beteiligt waren, ist nicht vollständig belegt. Als sicher gelten die Großrasse und Zwerg-Malaien, doch gibt es auch Hinweise auf Altenglische Zwerg-Kämpfer und weitere nicht näher benannte Rassen. 1955 kamen diese Tiere nach Deutschland, wo dann unter Zuhilfenahme von Zwerg-Malaien und gold-weizenfarbigen Altenglischen Zwerg-Kämpfern die Goldhalsigen herausgezüchtet wurden. Später kamen wie bei der Großrasse noch Orangehalsige, Blau-Goldhalsige und Rotgesattelte hinzu.

Zwerg-Kraienköppe gleichen hinsichtlich ihrer Eigenschaften weitgehend der Großrasse. Ihre Legeleistung ist, sicher bedingt durch die verschiedenen, der bei der Herauszüchtung verwendeten Zwerg-Kämpferrassen, mit 60–100 gelblichen, mindestens 35 g schweren Eiern geringer als bei der Großform.

(1) Kraienköppe vereinen den Adel von Kämpfern mit der Wirtschaftlichkeit der Italiener.
(2) In Silberhalsig sind die Kraienkopp-Hähne an Fernwirkung und Eleganz kaum zu überbieten. Dieser Farbschlag hat in den Niederlanden auch den höchsten Zuchtstand.
(3) Zwei typvolle Kraienkopp-Hennen in Silberhalsig.

Vorwerkhühner

Das Vorwerkhuhn zeigt in den letzten Jahren eine erfreuliche Entwicklung und gehört mittlerweile zu den beliebtesten Hühnerrassen Deutschlands, nachdem es jahrzehntelang als gefährdete Rasse eingestuft wurde. Maßgeblich dazu beigetragen hat sicher die Etablierung eines Erhaltungszuchtprojekts Ende der 1990er Jahre, das die Rasse auch über die traditionelle Ausstellungszucht hinaus bekannt gemacht hat. Heute tauchen Vorwerkhühner sogar im Sortiment zahlreicher kommerzieller Geflügelhändler auf. Dabei handelt es sich jedoch nicht immer um echte Vorwerk. Nicht selten sind es spezielle Kreuzungen, die dem Original täuschend ähnlich sehen, aber in der Produktion billiger sind. Leider sind „Markenfälschungen" in der Welt der Geflügelzucht nichts Ungewöhnliches und nehmen gerade derzeit, wo die Gartenhuhnhaltung boomt, wieder stark zu.

Herkunft und Entstehung: Die Entstehung des Vorwerkhuhnes entstammt der Idee des Hamburger Unternehmers Oskar Vorwerk, die Zeichnung der Lakenfelder (siehe Band 1, Seite 84 ff.) auf ein Huhn mit gelbem Mantelgefieder zu übertragen. Hierzu kreuzte er ab 1902 Lakenfelder mit gelben Orpington, Andalusiern und Hittfeldern (gelbe Ramelsloher) und präsentierte die neue Züchtung erstmals 1912. Durch den zweiten Weltkrieg gingen fast alle Zuchten verloren, sodass die heutigen Bestände im Wesentlichen auf zwei Hähne und 26 Hennen einer Zucht in Thüringen zurückgehen. Zur Minimierung der Inzucht kam es daraufhin zu verschiedenen Einkreuzungen, wobei jedoch vorwiegend auf Ursprungsrassen wie Orpington, Ramelsloher und Andalusier zurückgegriffen wurde.

Die dokumentierte Geschichte der Rasse spiegelt sich sehr gut in ihrer genetischen Zusammensetzung wider. So zeigen Vorwerkhühner zu gut 55 % europäische und knapp 45 % asiatische Anteile. Dabei sind erstere im Vergleich zu den Lakenfeldern stärker in Richtung des Westeuropäischen Clusters verschoben, was den Einfluss der Ramelsloher und Andalusier sichtbar macht. Der asiatische Anteil besteht komplett aus dem chinesischen Cluster, also der maßgeblichen genetischen Komponente der Orpington.

(1) Ursprünglich wurde das Vorwerkhuhn als elegantes und optisch schönes Legehuhn für die Vorgärten Hamburgs gezüchtet.
(2) Durch ihre plakative Schwarz-Gold-Schwarz Farbgebung fallen die Vorwerkhühner sofort ins Auge.
(3) Kopfporträt einer Vorwerk-Henne.
(4) Dieses Vorwerk-Küken ist drei Tage alt und anfangs noch anders gefärbt als die Alttiere.
(5) Vorwerkhühner eignen sich für große Gärten ebenso wie für die Haltung auf Bauernhöfen.
(6) Im Alter von einer Woche sprießen diesen Vorwerk-Küken schon erste goldene Flügelfedern. Sie werden hier gemischt mit Barthuhn- und Schlotterkamm-Küken aufgezogen.

Erscheinungsbild: Vorwerkhühner sind kräftige, mittelgroße Landhühner mit breiter und tiefer, abgerundeter Rechteckform. Sie haben einen Einfachkamm, weiße Ohrscheiben, schieferblaue Läufe und eine volle, gut mittellange Befiederung. Neben dem Erhaltungszuchtprojekt haben sicher auch Farbe und Zeichnung der Vorwerkhühner zu ihrem großen Boom beigetragen, denn die kontrastreiche Schwarz-Gold-Schwarz-Färbung ist überaus ansprechend und wirkt optisch wie dreigeteilt. Da die Schwarzfärbung in erster Linie den Kopf und den Hals sowie die Region des Schwanzgefieders betrifft, also die höchsten Zonen des Huhnes, hat sich der Begriff „Gipfelzeichnung" für diese Art der Farbverteilung eingebürgert. Einziger Unterschied zur Zeichnung der Lakenfelder ist das Vorhandensein des Goldfaktors s^+ anstelle des Silberfaktors S. Die Erbformel lautet dementsprechend eb Co Cha s^+. Mittlerweile werden auch Tiere mit blau-gelber Zeichnung präsentiert.

Leistungseigenschaften: Die Legeleistung variiert im Bereich zwischen 130 und 160 gelblichen, mindestens 55 g schweren Eiern.

Wesenseigenschaften: Vorwerkhühner sind zwar lebhaft und aktiv, aber keineswegs scheu. Sie werden leicht zutraulich und sind untereinander sehr verträglich. Das gilt besonders auch für die Hähne, sodass es im Normalfall möglich ist, mehrere von ihnen zusammen zu halten.

Bruttrieb: Grundsätzlich brüten Vorwerk-Hennen eher selten, doch kommt es auch bei ihnen ab der zweiten Legeperiode gelegentlich vor, dass sie brütig werden.

Empfehlungen für Zucht und Haltung: Vorwerkhühner sind vergleichsweise robust und stellen daher keine besonderen Ansprüche an Stall, Auslauf und Haltung. Als klassische „Zwischentyp-Rasse" aus leichten europäischen und schweren asiatischen Hühnern sind sie weniger flugfreudig als ihre Vorfahren, die Lakenfelder. Man kann sie daher auch Anfängern empfehlen, die ein möglichst pflegeleichtes und unproblematisches Huhn suchen. Bei einer Neuanschaffung empfiehlt sich jedoch, die Herkunft der Tiere zu überprüfen, damit sich keine „Fake-Vorwerk" aus dem kommerziellen Sektor einschleichen.

(1) Auch die Zwerg-Vorwerkhühner werden immer beliebter und sind aufgrund ihres ruhigen Wesens auch durchaus zu empfehlen.
(2) Eine Zwerg-Vorwerkhenne mit schöner Gipfelzeichnung, voller Brust und nicht zu großem Einfachkamm.

Zwergform: Nachdem ein erster Versuch in den 1930er Jahren nicht weitergeführt wurde, erfolgte die Verzwergung in Ostdeutschland in den 1950er Jahren aus der Großrasse, gelben Zwerg-Orpington, orangehalsigen Deutschen Zwerghühnern und Bantam. Kurz darauf, Anfang der 1960er, wurden auch in Westdeutschland Zwerg-Vorwerkhühner erzüchtet, wobei man weitgehend denselben Weg ging, aber anstelle der Bantam doppeltgesäumte Zwerg-Barnevelder verwendete.

Zwerg-Vorwerkhühner legen im Mittel zwischen 90 und 130 gelbliche, mindestens 37 g schwere Eier. Sie brüten deutlich häufiger als die Großform und erweisen sich dann als gute Mütter. Ansonsten entsprechen sie weitgehend ihren großen Verwandten.

Schwedische Blumenhühner

Die schwedische Bezeichnung „Blommehöna" lässt keinen Zweifel daran, dass der deutsche Name dieser Züchtung schlichtweg die wörtliche Übersetzung darstellt. Das ist nicht unüblich bei Rassen, die erst seit Kurzem als neue „Moderassen" im deutschsprachigen Raum anzutreffen sind. Der Begriff beschreibt die „geblümte" Gefiederzeichnung der farblich wohl auffälligsten schwedischen Hühnerrasse. Es sieht aus, als würden lauter weiße Gänseblümchen auf einem brachliegenden Stück Acker erblühen.

Herkunft und Entstehung: Blumenhühner stammen ursprünglich aus der südschwedischen Provinz Schonen, was sich in der offiziellen Bezeichnung „Skånsk Blommehöna" niederschlägt (Skånsk = Schonen). Dort soll es bodenständige bunte Hühner mit weißer Scheckung schon um 1800 auf den Bauernhöfen gegeben haben, doch im Laufe des 20. Jahrhunderts verschwanden sie vielerorts durch Verdrängungskreuzung mit moderneren Wirtschaftsrassen. In den 1970er Jahren waren nur noch auf drei schonischen Bauernhöfen Blumenhühner vorhanden, bevor schließlich die Rettung in letzter Minute erfolgte und mit der Gründung des „Svenska Lanthönsklubben" die Blumenhuhnzucht wiederbelebt wurde. Heute sind Blumenhühner weltweit bei Hobbyhaltern und Selbstversorgern eine sehr bekannte und außerordentlich gefragte Hühnerrasse. Da eine genetische Typisierung bis heute nicht erfolgte und auch kaum alte Aufzeichnungen zur Entstehung vorliegen, müssen Rückschlüsse über Ursprung und Werdegang der Rasse derzeit noch rein spekulativ erfolgen. Es ist aber sicher nicht abwegig, sich unter den zuvor genannten

2

4

6

3

5

Jeder Blumenhahn (1, 2, 3. 5) sieht anders aus und hat seine individuelle Farbkomposition, bei der jedoch nie die weiße Blumenzeichnung (Mottled) fehlen darf. (4+6) Obgleich die Schwedischen Blumenhühner aus dem milden Süden Schwedens stammen, sind sie sehr kältetolereant und haben mit Minusgraden und Schnee kaum Schwierigkeiten.

(1 + 2) Etwa bei einem Viertel der Schwedischen Blumenhühner findet sich traditionell ein Federschopf am Hinterkopf. Dieser sollte die Sichtfreiheit der Tiere nicht einschränken und darf darum nicht zu groß ausfallen.

bodenständigen, bunten Hühnern eine Landhuhnform vorzustellen, die am ehesten mit Rassen wie den heutigen Proveis-Ultentalern vergleichbar ist und seit Anfang des 20. Jahrhunderts unter dem wachsenden Einfluss moderner Wirtschaftsrassen aus den Verwandtschaftskreisen der Leghorn und Rhodeländer stand. Als schließlich in den 1970er Jahren die letzten Bestände gerettet werden konnten, hatten diese bereits signifikante Anteile von Weißlegern, asiatischen Rassen und Braunlegern, sodass die heutigen Blumenhühner stärker den Rassen gemischter Herkunft zuzurechnen sind, worauf insbesondere der im Vergleich zu alten Landhuhnschlägen deutlich kräftigere, breitere und rundlichere Körperbau hindeutet.

Trotz ihrer Buntheit fanden die Schwedischen Blumenhühner bisher keinerlei positive Beachtung seitens der organisierten Rassegeflügelzucht. Doch auch ganz ohne diese institutionelle Anbindung boomt ihre Zucht, da sich die Fans über das Internet weltweit vernetzen, sich digital bei der Wahl der Zuchttiere beraten und natürlich auch direkt Tiere austauschen. Ein Paradebeispiel dafür, wie neue Zeiten auch neue Wege für die Rettung alter Rassen mit sich bringen können.

Erscheinungsbild: Wie bereits beschrieben, präsentieren Schwedische Blumenhühner eine kräftige, breite und gut gerundete Landhuhnform. Sie sind voll befiedert, tragen einen Einfachkamm, haben meist weiße oder gelblich-weiße, gelegentlich auch weiß-rote Ohrscheiben und überwiegend gelbe Läufe. Auffällig ist für den Betrachter primär die namensgebende Blumenzeichnung. Verantwortlich dafür ist der rezessive Faktor Mottled (mo), der zu kleinen weißen Flecken führt, unabhängig davon, ob die Grundfarbe des Huhns dabei nun Schwarz, Gelb-Columbia, Rot, Blau oder Wildfarbig ist. Aufgrund der zahlreichen Kombinationsmöglichkeiten, die sich aus den verschiedenen Grundfarben und der unterschiedlich starken Ausprägung der Zeichnung ergeben, gleicht kein Schwedisches Blumenhuhn dem anderen. Die deutlich häufigste Variante sind jedoch mit Abstand die Gold-Porzellanfarbigen.

Die folgende Tabelle zeigt die wichtigsten Kombinationen und die dazugehörigen Erbformeln:

Farbbild	Erbformel
Gold-Porzellanfarbig	e^b Co mo s^+
Blau-Gold-Porzellanfarbig	e^b Co mo Bl/bl^+ s^+
Orange-Porzellanfarbig	e^b Co mo ig s^+
Gelb mit weißen Tupfen	e^b Co mo I s^+ bzw. e^b Co mo Bl/Bl s^+
Rotbunt	e^b Co Mh mo s^+
Schwarz-Weißgescheckt	E mo
Blau-Weißgescheckt	E mo Bl/bl^+
Rebhuhnhalsig-Gescheckt	e^+ mo s^+
Blau-Rebhuhnhalsig-Gescheckt	e^+ mo Bl/bl^+ s^+
Weißgold-Gescheckt	e^+ mo I s^+ bzw. e^+ mo Bl/Bl s^+
Kennfarbig-Gescheckt	e^+ B mo s^+

Mit ein bisschen Übung ist es für den Halter daher leicht, seine Tiere auseinanderzuhalten, und gerade das begeistert viele. Blumenhühner wurden

(3 + 4) Schon als Küken im Flaumkleid zeigen die Schwedischen Blumenhühner ihre große Farbenvielfalt. In einer Herde Schwedischer Blumenhühner finden sich kaum jemals zwei Tiere, die einander gleichen.

züchterisch nie extrem vereinheitlicht, sondern durften bis heute eine gewisse Variabilität im Aussehen beibehalten. Für alte Landhühner nicht unüblich, haben manche auch einen kleinen Federschopf mit daraus resultierendem Wickelkamm, ähnlich den Altsteirern und Sulmtalern.

Leistungseigenschaften: Wenn eine Rasse optisch so herausragt wie das Schwedische Blumenhuhn, könnte man denken, das Aussehen wäre der Hauptgrund, sich für ihre Haltung zu entscheiden. Die robusten und genügsamen Blumenhühner werden in Schweden aber seit Langem auch als vielseitige Wirtschaftsrasse auf den Höfen gehalten und legen ca. 150–180 cremefarbige, ca. 60 g schwere Eier. Angeblich sind auch die Masteigenschaften der jungen Hähne nicht außer Acht zu lassen und so verwundert es nicht, dass die Rasse inzwischen bei Selbstversorgern im gesamten deutschsprachigen Raum hoch im Kurs steht.

Wesenseigenschaften: Der Charakter der Blumenhühner kann auffallend stark variieren und der Bogen spannt sich hier von extrem zutraulichen Exemplaren, wie der bekannten YouTube-Star-Henne Traudi aus „Happy Huhn" (siehe Foto 4, Seite 91), bis hin zu regelrechten Wildfängen. Auch was die Hähne anbelangt, so gibt es Zuchtgruppen, in denen mehrere Hähne sehr ruhig und friedlich miteinander leben und andere Gruppen, in denen nur ein Hahn gehalten werden kann. Erstere Variante ist eindeutig begrüßenswerter, denn die Zucht mit mehreren Hähnen ist beim Blumenhuhn wichtig, um die große Farbenvielfalt zu erhalten.

Bruttrieb: Da speziell ältere Hennen nicht selten brütig werden, dürfen Blumenhuhnküken oft auch in Naturbrut aufwachsen.

Empfehlungen für Zucht und Haltung: Es empfiehlt sich, stets mit mehreren Hähnen in einer Zuchtgruppe zu züchten (random breeding). Anderenfalls werden die Nachzuchten übermäßig stark von nur einem Vatertier geprägt. Schon in einer Kükenschar sollte sich nämlich die spätere Farbenvielfalt der Alttiere erahnen lassen. Die Küken sind gesund und frohwüchsig. Federschöpfe, sofern vorhanden, sollten niemals die Sichtfreiheit der Tiere einschränken und ggf. freigeschnitten werden. Leider werden in jüngster Zeit immer wieder Tiere mit übergroßen Schöpfen zur Weiterzucht herangezogen. Ebenso wie bei den Proveis-Ultentalern, Sandschak-Krähern, Steinpiperl und Bayerischen Landzwergen (siehe Band 1) sollte auch bei den Blumenhühnern auf eine starke phänotypische Vereinheitlichung mit Separierung in einzelne Farbenschläge verzichtet werden, um die Rasse so zu erhalten wie sei derzeit zahlreiche Züchter und Halter begeistert.

Zwergform: Derzeit laufen Versuche der Verzwergung durch Einkreuzung von Zwergrassen im halbasiatischen Typ wie Zwerg-Sussex und Zwerg-New Hampshire. Eine solche Züchtung ist abzulehnen, da sie nicht dem Charakter eines basal europäischen Landhuhns entsprechen würde.

Araucana

Araucana zählen dank des starken Trends zu außergewöhnlich gefärbten Eischalen zu den beliebtesten Hühnerrassen bei Selbstversorgern und Hobbylandwirten. Und auch in der organisierten Rassegeflügelzucht gehören die früher eher spärlich verbreiteten Hühner heute zu den häufigsten Rassen. Einmalig ist zudem ihre Kombination besonderer Merkmale wie Schwanzlosigkeit, Bart und Federquasten an den Kopfseiten (Bommeln, Tuffs).

Herkunft und Entstehung: Erstmals erwähnt werden blaugrüne Eier legende Hühner in einem US-amerikanischen Chile-Bericht, woraufhin der chilenische Geflügelwissenschaftler Dr. Reuben Bustos 1881 bei den indigenen Mapuche in der Region Araucanía drei Varianten solcher Tiere vorfinden konnte: die schwanzlosen, aber bommellosen „Colonca", die mit Bommeln ausgestatteten, aber schwänzigen „Quetro" und die äußerst seltenen „Colonca de Artez", die als schwanzlose Kombination dieser beiden Formen auch mit Bommeln vorkamen und unserem heutigen Typ am nächsten gekommen sein dürften (WANDELT & WOLTERS 1996). Zum Vorhandensein eines Bartes liegen keine Angaben vor, doch ist davon auszugehen, dass auch hier Varianz vorherrschte und darüber hinaus neben den beschriebenen auch Individuen ganz ohne Spezialmerkmale vorkamen. Erstmals kamen Araucana zu Beginn des 20. Jahrhunderts nach Deutschland, konnten sich jedoch nicht etablieren. In den 1920er und 1930er Jahren erfolgten Einfuhren nach England, Spanien und Nordamerika; in den 1950ern schließlich erneut nach Deutschland. Diese Tiere waren alles andere als einheitlich und so entwickelten sich in den einzelnen Ländern unterschiedliche Zuchtrichtungen, die sich bezüglich Schwanzlosigkeit und der Ausbildung von Bommeln und Bart unterscheiden. Der mitteleuropäische Standard orientiert sich weitgehend an einer Abbildung aus dem National Geographic Magazin von 1927, das schwanzlose Tiere mit Bommeln zeigt.

Ein Mysterium, das bis heute nicht vollständig aufgeklärt werden konnte, ist die Herkunft der Araucana und ihrer türkisfarbenen Eier, obwohl es hierzu nicht an Theorien mangelt. Eine davon besagt, dass polynesische Seefahrer die Vorfahren dieser Hühner nach Südamerika gebracht haben, noch bevor Christoph Columbus 1492 Amerika erreichte. Weiterhin wird gemutmaßt, dass sie Nachfahren von Hühnern sind, die europäische Auswanderer mitgebracht und die sich dann mit später eingeführten asiatischen Rassen gemischt haben. Ebenfalls denkbar ist, dass beide Theorien wahr sind und es in Chile zu einer Vermischung all dieser Einfuhren kam.

Molekulargenetische Untersuchungen brachten zwar aufschlussreiche Erkenntnisse, bis ins Letzte klären konnten sie diese Frage jedoch nicht. Typisiert wurden im SYNBREED-Projekt einerseits Araucana aus Deutschland und anderseits Populationen aus dem Ursprungsgebiet in Chile und Argentinien, die zwar auch blaugrüne Eier legen, aber nahezu keine Spezialmerkmale zeigen. Obwohl Unter-

(1) Ein Araucana-Hahn in Splash ohne Ohrbommeln und (2) ein Araucana-Hahn mit deutlich ausgeprägten Ohrbommeln. Die Bommeln sind aufgrund ihrer Vererbung nicht bei allen Tieren vorhanden.
(3) Schwarze und blaue Araucana-Hennen genießen den Auslauf. Im Seitenprofil der rechten Henne ist gut die rassetypische Schwanzlosigkeit ersichtlich.
(4) Araucana werden weltweit in mehreren unterschiedlichen Typen gezüchtet und sind durchaus auch geschwänzt im Umlauf, wie diese britischen Lavender Araucana zeigen.
(5) Ein Araucana-Hahn sitzt mit seinen beiden Lieblings-Hennen auf einem Baumstamm.
(6) Araucana-Küken des Farbschlages Wildfarbig.
(7) Typische Araucana-Eier zeigen eine Sinfonie aus Grün- und Türkisnuancen.

schiede in der Stärke der einzelnen Komponenten bestehen, lassen sich dennoch zwei grundlegende Gemeinsamkeiten dieser Formen erkennen: Die gemischte Herkunft aus europäischen und asiatischen Ursprüngen und die starke Dominanz des Chinesischen Clusters mit einer Frequenz von ca. 35–40 %.

Unterschiede zeigen sich beim Weiß- und Braunlegeranteil, der bei den südamerikanischen Populationen mit in der Summe 25 % deutlich höher ist als bei den deutschen Araucana (knapp 10 %); zweifellos das Resultat jüngerer Einkreuzungen, die sich in den um 1950 importierten deutschen Beständen noch nicht so stark niedergeschlagen haben wie aktuell in Südamerika. Ein weiterer Unterschied betrifft den europäischen Anteil, der bei den deutschen Araucana mit etwa

Vergleich der genetischen Zusammensetzung deutscher und südamerikanischer Araucana

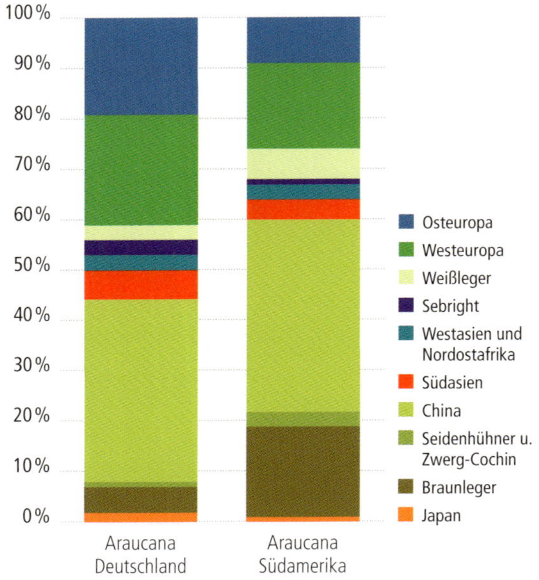

Vereinfachte Darstellung auf Basis der Admixture-Analyse im SYNBREED chicken diversity panel (MALOMANE et al. 2019).

45 % höher liegt als bei den Südamerikanischen mit gut 25 %, wobei besonders das Osteuropäische Cluster deutlich stärker frequentiert ist. Hier wurden also ganz offensichtlich europäische Rassen mit einer hohen Frequenz der osteuropäischen Komponente eingekreuzt, möglicherweise Altenglische Kämpfer. Bemerkenswert ist die große Homogenität der drei untersuchten Farbenschläge wildfarbig, schwarz und weiß.

Während die europäischen Anteile speziell der südamerikanischen Populationen sicher zum großen Teil auf spanische Importe zurückgehen, ist der Ursprung des chinesischen Anteils weitaus weniger klar. Hier ist sowohl ein direkter polynesischer als auch ein indirekter Weg über europäische Einfuhren asiatischer Hühner denkbar. Türkis- bzw. blau- oder grünschalige Eier sind von europäischen Zuchtformen ebenso wenig bekannt wie von den nach Europa eingeführten asiatischen Rassen, also Brahma, Cochin oder Croad-Langschan. Sie kommen jedoch bei Rassen mit südostasiatischen Wurzeln wie den Javanischen Zwerghühnern vor und sind auch aus China von einer schwarzen, einfachkämmigen Rasse im mittelschweren asiatischen Typ bekannt. Sie kommt aus der Provinz Jiangxi, ähnelt ein wenig den dortigen Langschan und wird sowohl in rotkämmig (Sanhuang-Hühner) als auch schwarzkämmig (Dongxiang-Hühner) gezüchtet. Vor diesem Hintergrund und linguistischen Forschungen, die den Ursprung der Polynesier auf Taiwan verorten, erscheint derzeit die Theorie am wahrscheinlichsten, dass die blaugrüne Eischalenfarbe in China entstanden ist und mit den Polynesiern in den südostasiatischen und pazifischen Raum verbreitet wurde. Von der Osterinsel, deren Bewohner nachweislich Kontakt zu Südamerika hatten, erfolgte dann die Verbreitung nach Chile. Dazu passt auch, dass alte Beschreibungen die Araucana als Hühner im asiatischen Typ charakterisieren, der in Europa seinerzeit unbekannt war (VON LÜTTWITZ 1998).

Erscheinungsbild: Araucana mitteleuropäischer Zuchtrichtung sind mittelgroße, schwanzlose Hühner mit gerundetem Körper, Erbsenkamm, überwiegend roten Ohrlappen und je nach Farbenschlag schwarzoliven, weidengrünen oder gelben Läufen. Neben der Schwanzlosigkeit zeigen sie als weitere Besonderheiten einen Bart und Federquasten an den Kopfseiten, die auch als Bommeln oder Tuffs bezeichnet werden. Diese beiden Merkmale können sowohl einzeln als auch gemeinsam auftreten. Die Bommeln bestehen aus fleischigen Verdickungen, die zwischen Ohröffnung und Ohrlappen liegen (Ohrbommeln). Sie werden allem Anschein nach polygen vererbt (VON LÜTTWITZ 2003), es sind also mehrere Genorte beteiligt (additive Genwirkung). Dafür spricht speziell die Tatsache, dass sie in mehreren Ausprägungen unterschiedlicher Größe vorkommen können. Eine Bommelbildung findet statt, wenn ein Schwellenwert bommelbildender Allele überschritten wird. Die Ausprägung steigt mit Zunahme der codierenden Allele. Wird ein zweiter Schwellenwert überschritten, tritt eine letale Wirkung ein, wobei der Embryo abstirbt. So kann es vorkommen, dass auch Nichtmerkmalsträger untereinander verpaart Merkmalsträger hervorbringen, wenn bei der Kombination der Allele zufällig der Schwellenwert überschritten wird. Die Ausfallrate liegt unter 25 %, also jenem Wert, der bei Vererbung durch nur einen Genort zu erwarten wäre.

Die Schwanzlosigkeit wird durch den dominanten Faktor Rp (Rumpless) bedingt. Diese auch als Kaulschwänzigkeit (Kaul = Kugel) bezeichnete Erscheinung führt zum Fehlen der letzten beiden Beckenwirbel, aller fünf Schwanzwirbel, des Pygostyls (Endstück), der Bürzeldrüse sowie aller Schwanzfedern. Die Dominanz des Faktors Rp ist nicht vollständig. In manchen Stämmen kaulschwänziger Hühner fehlt die Bürzeldrüse nur bei einem Teil der Tiere, bei anderen ist sie unvollständig ausgebildet und bei einigen sogar völlig normal. Auch werden einzelne Schwanzfedern in unterschiedlicher Zahl ausgebildet und die Schwanzwirbel sind teils vorhanden, jedoch zusammengeschmolzen.

Die türkisfarbene bzw. blaugrüne Eischale entsteht durch die Einlagerung von Abbauprodukten der roten Blutkörperchen. Sie ist dominant über die weiße und beruht auf dem autosomalen Faktor Blue Egg-shell (O). In Kombination mit Cremefarbig entstehen grüne, im Zusammenwirken mit Braun olivgrüne Eier.

Farbenschläge der Araucana sind
- Wildfarbig, Blau-Wildfarbig, Goldhalsig, Blau-Goldhalsig, Silberhalsig
- Gold-Weizenfarbig, Blau-Weizenfarbig
- Schwarz-Rot, Blau-Rot
- Schwarz, Weiß, Blau und Gesperbert

Am häufigsten sind die Wildfarbigen.

In England werden Araucana mit Bart, Schopf und sowohl schwänzig als auch schwanzlos gezüchtet. Sie weisen mit fast 70 % einen deutlich höheren europäischen Anteil auf und zeigen Verwandtschaftsbeziehungen zu den Haubenhühnern (WRAGG et al. 2012), was auf deren Einfluss bei ihrer Erzüchtung hinweist. Die besonders beliebten Lavender Araucana zeigen eine perlgraue, auf dem rezessiven Faktor lav (Lavender) beruhende Färbung. In den USA wurde neben der schwanzlosen, Bommeln tragenden Form noch eine schwänzige und bärtige Variante unter dem Namen Ameraucana etabliert.

Leistungseigenschaften: Die Legeleistung liegt im Allgemeinen zwischen 120 und 160 türkisfarbenen, mindestens 50 g schweren Eiern, wobei auch Spitzenleistungen von über 170 Eiern möglich sind.

Wesenseigenschaften: Araucana sind gelassen, neugierig und an ihrem Halter interessiert. Zahlreiche Erfahrungsberichte beschreiben außerordentlich zahme Tiere. Zudem sind sie recht robust, gute Futtersucher und wenig anspruchsvoll. Ihre Flugfähigkeit ist trotz des Fehlens der Steuerfedern verblüffend gut ausgebildet.

Bruttrieb: Der Bruttrieb ist bei den Araucana zwar grundsätzlich vorhanden, aber bei den einzelnen Farbenschlägen und Zuchten unterschiedlich stark ausgeprägt.

Empfehlungen für Zucht und Haltung: Aus züchterischer Sicht kann die Schwanzlosigkeit durchaus Probleme mit sich bringen. Da auch die hinteren Schwanzwirbel fehlen, kommt es bei den Küken in seltenen Fällen zu Missbildungen der Kloake, worauf besonderes Augenmerk zu richten ist. Ebenfalls kann notwendig sein, das dichte Aftergefieder der Zuchttiere vorab freizuschneiden, um eine erfolgreiche Befruchtung zu ermöglichen.

In Bezug auf die Bommeln empfiehlt sich immer die Verpaarung von Merkmalsträgern mit Nichtmerkmalsträgern, um so die Letalität weitgehend auszuschalten. Wegen ihrer Flugfähigkeit sollten die Umzäunungen entsprechend hoch sein.

Zwergform: Zwerg-Araucana entstanden ab 1975 in Deutschland aus der Großrasse, Zwerg-Kaulhühnern, Holländischen Zwerghühnern und Altenglischen Zwerg-Kämpfern. Sie werden in Wildfarbig, Goldhalsig, Silberhalsig, Gold-Weizenfarbig, Blau-Weizenfarbig, Schwarz-Rot, Schwarz, Weiß, Blau und Gesperbert gezüchtet und entsprechen in ihren Eigenschaften weitgehend der Großform. Die Legeleistung variiert zwischen 100 und 140 mindestens 32 g schweren, türkisfarbenen Eier. Bei den jüngeren Farbenschlägen ist die Eischalenfarbe zum Teil noch verbesserungswürdig.

1

Foto © Shutterstock/Narongrith Somsri

Rassen südostasiatischer Herkunft

Diese Gruppe ist gekennzeichnet durch eine hohe Frequenz des Südostasiatischen Clusters und umfasst neben verschiedenen Landhuhnformen alle asiatischen Kampfhühner.

Beginnen wollen wir die Betrachtung der südostasiatischen Rassen in diesem Band mit der maßgeblichen Ursprungsform aller Haushühner, dem Roten Kamm- oder Bankivahuhn, das, würde man es als Haushuhn betrachten, in diese Gruppe eingeordnet werden müsste. Ihm folgen als Rassen des bankivoiden Typs die Cemani, Gà H'Mông und Cubalaya, bevor mit den Malaien und Indischen Kämpfer Rassen des malaioiden Typs beschrieben werden.

2

Foto © Shutterstock/Onkamon

Bankivahühner

Auch wenn Bankiva- oder Rote Kammhühner keine Haushuhnrasse im eigentlichen Sinn sind, werden die wichtigsten wilden Vorfahren unserer Haushühner in Mitteleuropa nun schon seit mehr als 200 Jahren in Menschenobhut gehalten. Das hat uns dazu bewogen, sie hier im Stil einer Hühnerrasse unter denselben Aspekten wie ihre domestizierten Nachfahren zu porträtieren. Bankivahühner finden sich heute nicht nur in den Tierbeständen von Zoos und Vogelparks, sondern werden auch von erstaunlich vielen Privatpersonen gezüchtet.

3

Über die einzelnen Unterarten, Verwandtschaftsverhältnisse und die Domestikation der Wildhühner haben wir bereits in Band 1 ausführlich berichtet, weshalb der Fokus in diesem Portrait stärker auf den Tieren selbst liegen soll. Bankivahühner sind interessante Pfleglinge, die so manche Herausforderung mit sich bringen, sich aber auch erfolgreich züchten lassen. Sie gelangten erst sehr viel später als ihre domestizierten Nachfahren nach Europa, denn erst ab etwa Ende des 18. Jahrhundert werden nachweislich auch Kammhuhn-Wildformen in

4

(1) Fliegender Bankiva-Hahn in Thailand.
(2) Eine wilde Bankiva-Glucke mit ihren Küken.
(3) Die Bankiva-Henne zeigt in ihrem Gefieder hauptsächlich verschiedene Brauntöne, welche zu einer nuancenreichen Tarnfärbung vereint sind. Man beachte auch den äußerst kleinen Kamm und die kaum vorhandenen Kehllappen.
(4) Ein aufmerksamer Bankivahahn in der Arche Warder in Schleswig Holstein, wo neben Haushuhnrassen auch Wildhühner gezeigt werden.
(5) In Menschenobhut können Bankivahühner, insbesondere die Hähne, durchaus 10 bis 20 Jahre alt werden. In der Natur liegt die Lebenserwartung dagegen zumeist im Bereich von kurzen 1 bis 4 Jahren.
(6) Zu den markanten Kopfpunkten beim Bankiva-Hahn gehören die orangeroten Augen, der schiefergraue Schnabel und der nicht zu große Kamm mit 4 bis 5 Zacken.

6

5

(1) Auch Wildhähne krähen mehrmals über den Tag verteilt. In der Natur dient das Krähen der Revierabgrenzung, kann aber auch den Gruppenzusammenhalt fördern und zur Darstellung von Dominanz und körperlicher Fitness gegenüber Kontrahenten eingesetzt werden. (2) Bankivahühner brauchen Sitz- und Klettermöglichkeiten in ihren Gehegen und Volieren, um sich wohl zu fühlen.

Europa gehalten. Heutige Populationen in Menschenobhut erweisen sich häufig als Mischlinge verschiedener Unterarten. Auch Einflüsse von Haushuhnrassen sind nicht immer ganz auszuschließen. Dennoch verkörpern sie alle in ihrem Grundtypus recht naturbelassene, wildhuhnartige Hühner mit ähnlichen Ansprüchen in Zucht und Haltung.

Als maßgebliche Vorfahren der Haushühner tragen Bankivahühner in ihrem Genom sämtliche Herkunftscluster ihrer domestizierten Nachfahren, wenngleich in unterschiedlicher Frequenz. Am stärksten vertreten ist erwartungsgemäß das Südostasiatische Cluster mit einer Frequenz von gut 65 %. Danach folgen die geografisch benachbarten Herkunftskomponenten, die beiden Chinesischen Cluster mit zusammen knapp 15 % und das Westasiatisch-Nordostafrikanische mit knapp 10 %. Der Anteil der einzelnen Komponenten nimmt mit zunehmender Entfernung vom Domestikationszentrum ab. So haben die verschiedenen europäischen Herkünfte nur noch Frequenzen von maximal 2 %.

Erscheinungsbild: Bankivahühner ähneln äußerlich am ehesten rebhuhnhalsigen Urzwergen, wie z. B. den Deutschen, Belgischen und Schwedischen Zwerghühnern oder den französischen Pictave. Sie zeigen einen ursprünglichen, schlanken Landhuhntyp mit langer, voller Befiederung, sind stets einfachkämmig, haben blaugraue bis bleibraune Läufe, je nach Unterart weiße bis rote Ohrscheiben bzw. -lappen und legen weiße, isabellfarbige, cremefarbige oder hell rötlich braune Eier.

Mit einem Gewicht von 650–1000 g bewegen sie sich innerhalb des Spektrums einer Zwergrasse. Das zeigt, dass die Zwerghuhn-Größe eigentlich der natürlichen Größe des Huhns entspricht und viele von uns Menschen als normal groß empfundene Hühnerrassen eigentlich Riesen-Formen sind. Wirklich extrem große Rassen, wie z. B. Jersey Giants oder Indio Giante, tragen ihre Namen also durchaus zurecht, denn sie sind verglichen mit dem Wildhuhn tatsächlich kolossale Giganten.

Die Hähne legen im Sommer eine Zwischenmauser ein und bilden von Juni bis September ein Ruhekleid aus, das schlichter und weniger prachtvoll gefärbt ist. Dieses Mauserverhalten ist bei fast allen Haushuhnzüchtungen, sowie vielen, angeblich als „rein" betitelten Bankiva-Zuchtstämmen, verloren gegangen und nur noch bei wenigen Rassen, wie etwa den japanischen Koeyoshi, vorhanden.

Leistungseigenschaften: Leistungsattribute wie man sie von Haushühnern kennt, sind bei Bankivahühnern als einer Wildform natürlich nicht zu erwarten. Sie legen ausschließlich zur Reproduktion, wobei das Gelege im Normalfall 6–12 Eier umfasst und in der Regel 2–3 Bruten im Jahr vorgenommen werden.

Wesenseigenschaften: Wachsamkeit und Fluchtbereitschaft sind für ein Wildhuhn überlebenswichtig. Demzufolge sind Bankivahühner natürlich auch in Menschenobhut sehr aufmerksam und fühlen sich unwohl, wenn sie ihren Lebensraum nicht überblicken können. Sie können für Hühnerverhältnisse außerordentlich gut fliegen und machen von diesem Flugvermögen bei Gefahr auch Gebrauch. Entweder fliegen sie dann auf eine erhöhte Position, um von oben herabschauen zu können, oder zum Deckung bietenden nächsten Unterschlupf in Bodennähe.

Obgleich man erwarten würde, dass Wildhühner nicht sehr zahm werden, kann man sich hier täuschen, denn insbesondere Handaufzuchten werden bei ruhigem Umgang erstaunlich zutraulich. Eine gewisse Neugierde sowie eine opportunistische Denkweise bezüglich angebotener Nahrung entsprechen dem Grundnaturell aller Hühner, und so können auch Bankiva schnell lernen, dass die Menschenhand Fressbares bringt. Auch heute noch suchen Wildhühner in Südostasien freiwillig die Nähe menschlicher Siedlungen, weil sie wissen, dass dort Fressbares auf so manchem Acker, Feld oder Abfallhaufen zu finden ist. Hinzu kommt, dass sich einige Bankiva-Linien schon seit vielen Generationen in Menschenhand befinden und es während dieser Zeit zu erneuten Domestikationserscheinungen und Anpassungen gekommen ist, die auch den Charakter der Tiere beeinflussen. Besonders zahme Tiere müssen also nicht zwangsläufig von Kreuzungen mit Haushühnern herrühren. Besonders die Unterart ***Gallus gallus murghi*** steht in dem Ruf, sich schon nach wenigen Generationen an die menschliche Umgebung zu adaptieren.

Bruttrieb: Bankivahühnern in Menschenobhut wird immer wieder nachgesagt, dass sie ihren Bruttrieb im Laufe der Generationen verloren hätten. Das trifft jedoch im Normalfall nicht zu. Wie die meisten Wildtiere benötigen sie weitgehend natürliche Bedingungen, um mit der Reproduktion zu beginnen. Diese sind jedoch in menschlichen Haltungssystemen oftmals nicht gegeben.

Empfehlungen für Zucht und Haltung: Prinzipiell gilt für Bankivahühner vieles, das auch für ursprüngliche Landschläge mit eher geringem Domestikationsgrad gilt. Sie eignen sich am besten für eine Haltung in gut strukturierten Ausläufen, die wegen der Flugfähigkeit der Tiere mit einem Netz überspannt sein sollten. Auch eine Haltung in großen und geräumigen Volieren ist möglich. Anders als die meisten Haushuhnrassen sind Bankivahühner nicht das ganze Jahr über im Fortpflanzungsmodus. Ob sie im menschlichen Umfeld zur Brut schreiten, hängt stark von der Gestaltung ihres Lebensraumes ab. Ein abwechslungsreich eingerichteter Stall und Auslauf mit Ästen, Sträuchern, Licht, Schatten und ganz besonders als Nest nutzbaren Nischen und Schlupflöchern bietet die besten Chancen einer erfolgreichen Brut.

(3) Küken des Bankivahuhns in der Aufzucht des wissenschaftlichen Geflügelhofes des BDRG.

1

2

Ayam Cemani

Kaum eine andere Hühnerrasse hat in den letzten zehn Jahren unter mitteleuropäischen Hühnerfreunden so für Furore gesorgt wie die Ayam Cemani aus Indonesien. Befruchtete Bruteier wurden für Preise zwischen 3 und 10 Euro das Stück gehandelt, Zuchtpaare wechselten für Summen im vierstelligen Bereich ihren Besitzer und ein Mythos nach dem anderen wurde über diese zierlichen Hühner in Umlauf gebracht. Mittlerweile ist der Zauber des Fremdartigen ein wenig verflogen, die Preise haben sich eingependelt und so manche Unwahrheit, wie etwa die Behauptung, Cemani-Hennen würden pechschwarze Eier legen, wurde widerlegt. Ayam bedeutet im Inselstaat Indonesien „Huhn“ und „Cemani“ heißt ein Dorf im Zentrum der Insel Java, wo die Rasse ihren Ursprung haben soll.

Herkunft und Entstehung: Java gilt bis heute als Hauptzuchtgebiet der Cemani, und dem Vernehmen nach ist die Rasse dort schon seit vielen Jahrhunderten als heiliges Huhn bekannt, das auch für religiöse Zwecke eingesetzt wird.

Ihre genetische Clusterung ist typisch für Rassen des malaiischen Archipels:

- Südostasien: ca. 45 %
- China: ca. 20 %
- Seidenhühner und Zwerg-Cochin: ca. 5 %
- Japan: ca. 5 %

Die Relation dieser Komponenten zeigt sicher nicht zufällig Gemeinsamkeiten mit jener der Sumatra, die jedoch noch einen zusätzlichen europäischen Input von ca. 50 % aufweisen (siehe Band 1, S. 122), und den indonesischen Gà H'Mông, die sich ebenfalls aus südostasiatischen und chinesischen Herkünften zusammensetzen (siehe Seite 105). Also allesamt Rassen, die eine dunkle Pigmentierung der Haut zeigen und derselben Herkunftsregion entstammen. Zu den genannten Anteilen kommt auch bei den Cemani ein europäischer Einfluss hinzu, der hier gut 15 % umfasst und in erster Linie auf Sumatra zurückgehen dürfte, die ganz offensichtlich im Rahmen der Konstituierung als Schaurasse hinzugenommen wurden. Weiterhin wurden in diesem Kontext auch Australorps eingekreuzt, was vermutlich die Frequenz der chinesischen Cluster etwas erhöht hat. Ergänzt wird das genetische Profil durch das Westasiatisch-Nordostafrikanische Cluster mit einer Frequenz von gut 5 %, was einen Einfluss indischer Rassen auf die Haushuhnfauna des malaiischen Archipels nahelegt (siehe Band 1, S. 27, Grafik).

In die Niederlande kamen Cemani 1998, kurz darauf waren sie auch in Deutschland anzutreffen. In Schweden begegnet uns mit dem Schwedischen Schwarzhuhn (siehe Bild 2) eine Rasse mit fast identischem Erscheinungsbild. Sie soll laut Überlieferung durch niederländische Seefahrer nach Schweden gelangt sein, was den naheliegenden verwandtschaftlichen Zusammenhang mit den Cemani noch deutlich wahrscheinlicher macht.

(1) Cemani-Hahn der in Deutschland etablierten Zuchtrichtung, die bereits durch verschiedene Einkreuzungen gekennzeichnet ist.
(2) Das Bohus-Dal oder Schwedische Schwarzhuhn ist ebenfalls sehr stark pigmentiert und wird oft mit dem Cemani verwechselt.
(3) Ayam Cemani-Hühner sind im Vergleich zu anderen schwarzen Hühnern buchstäblich "schwärzer als schwarz". Selbst Hautpartien, Augen, Schnabel, Läufe und sogar das Fleisch der Tiere sind tiefschwarz.
(4 + 6) Cemani-Hennen haben mittlerweile zurecht einen guten Ruf als Muttertiere, denn sie sind vorzügliche Glucken und mit allen Instinkten ausgestattet, die es für eine erfolgreiche Kükenaufzucht in Naturbrut braucht.
(5) Schon als Küken, wie hier am 2. Lebenstag, sind Cemani tiefschwarz.
(7) Auch die Cemani-Hähne können sehr fürsorglich sein, so wie dieser treue Familienvater, der seine Kükenschar bewacht während diese auf einem Zweig rastet.

Erscheinungsbild: Cemani sind relativ leichte Hühner im eleganten Landhuhntyp mit vergleichsweise langen Läufen, Einfachkamm und voller, fest anliegender, harter Befiederung. Gesicht, Kamm, Kehl- und Ohrlappen, Gefieder sowie Haut und Läufe sind komplett schwarz. Diese dunkle Färbung, die sogar das Fleisch und die inneren Organe betrifft, beruht auf demselben dominanten Allel, dass auch die Seidenhühner und Gà H'Mông tragen. Lediglich die Eier bescheren einen „Lichtblick", denn sie sind ironischerweise weiß bis hell cremefarbig. Das schwarze Gefieder schillert je nach Lichteinstrahlung in den sattesten Nuancen von Grün über Blau bis hin zu Lila.

Ein wachsamer Cemani-Hahn stellt sich hier schützend vor seine Hühnerschar.

Leistungseigenschaften: Die jährliche Anzahl der weißen bis hell cremefarbenen, mindestens 40 g schweren Eier kann stark variieren und ist abhängig von der Herkunft der jeweiligen Zuchtlinie. Das Zuchtbuch des BDRG listet relativ konstant ca. 90 Eier pro Jahr auf, doch sind auch deutlich höhere Leistungen von über 150 Eiern möglich.

In ihrer Heimat wird die Rasse oft wegen ihres dunklen Fleisches gehalten, das auf den dortigen Märkten besonders hoch gehandelt wird.

Wesenseigenschaften: Auch das Verhalten der Rasse passt zu einem ursprünglichen Huhn, denn Cemani sind prinzipiell lebhafte Futtersucher und bemerken dank ihres aufgeweckten Wesens jeden Eindringling im Hühnergarten sofort. Aufgrund von Einkreuzungen sind inzwischen jedoch auch größere und ruhigere Tiere vorzufinden.

Bruttrieb: Cemani haben prinzipiell einen stark ausgeprägten Bruttrieb, der jedoch oft erst dann zum Tragen kommt, wenn das Gehege gut strukturiert und abwechslungsreich bepflanzt ist. Erfahrene Hennen werden mehrmals im Jahr brütig und führen den Nachwuchs so lange, bis dieser für sich selbst sorgen kann. Gegenüber Feinden wie streunenden Katzen und Hunden wissen sich die Cemani-Glucken zu behaupten und sind diesen, dank ihres aufmerksamen Wesens, stets einen Schritt voraus. Auch an Unterernährung müssen die Küken selten leiden, denn Cemani-Mütter sind gut darin, Futter für den Nachwuchs zu suchen sowie diesem das selbstständige Scharren nach Fressbarem aufzuzeigen. Cemani-Küken entwickeln zwar schnell Federn an den Flügeln, der restliche Körper behält jedoch vergleichsweise lange das kükentypische Flaumkleid. Im warmen Klima der indonesischen Heimat ist das kein Nachteil, hierzulande sollte man jedoch darauf achten, dass die Küken anfangs an kühlen Regentagen nicht zu viel mit der Glucke draußen herumlaufen.

Empfehlungen für Zucht und Haltung: Alles in allem sind die Cemani sicherlich kein Paradebeispiel für eine Hühnerrasse, die man für die Haltung im Garten besonders empfehlen kann. Zu lebhaft, wild und flugfähig sind sie, um als solche zu gelten. Cemani wollen in ihrem Freigelände viel Deckung in Form von Gehölzen und Großstauden. Am besten sichert man das Gehege nach oben hin mit einem Netz ab, das man mit schnellwüchsigen Kletterpflanzen begrünt. So wirkt man zum einen dem gut entwickelten Flugvermögen der Tiere entgegen und bietet ihnen andererseits ein zusätzliches „Dschungelfeeling".

Die bei neu eingeführten Rassen leider immer wieder anzutreffende Praxis einer mehr oder minder starken Verkreuzung, meist mit dem Ziel, sie in ein „schaugerechtes" Format zu überführen, hat auch bei den Cemani zu Veränderungen in Typ und Wesen geführt. Grundsätzlich sollten solche Einkreuzungen immer nur dann vorgenommen werden, wenn eine kritische Inzuchtsituation vorliegt oder die Rasse aufgrund fehlender klimatischer Adaption nicht dauerhaft erhalten werden kann. Und auch dann sollte immer nur auf die nächstverwandten Züchtungen zurückgegriffen werden. So war die Hinzunahme der Sumatra sicher in gewisser Weise nachvollziehbar, Rassen vom halbasiatischen Typ wie z. B. die Australorps sind hierfür jedoch komplett ungeeignet. Solche Experimente sollten in Zukunft unterbleiben, um die Rasse nicht noch stärker vom Grundtyp zu entfernen.

(1) Ga H'Mong können in ihrer Gefiederfärbung durchaus variabel sein, sie haben jedoch stets vergleichsweise dunkle Hautpartien.
(2) Ga H'Mong-Hähne haben mittelgroße Kämme und Kehllappen sowie zuweilen einen leichten Rotschimmer (Mulberry) an den Hautpartien.
(3) Zuchttaugliche Ga H'Mong-Hennen in Braun- und Schwarztönen genießen in Europa aktuell noch großen Seltenheitswert.
(4) Ga H'Mong-Junghenne im Kopfportrait.

Gà H'Mông

Gà H'Mông sind nur eine von vielen extrem dunkel pigmentierten Hühnerrassen des ost- und südostasiatischen Raumes, von denen ohne Zweifel die Seidenhühner und Ayam Cemani die bekanntesten sind. Doch gibt es solche Hühnerrassen auch in der Himalayaregion und in Thailand. In Asien gilt das sehr dunkle Fleisch solcher Hühnerrassen als besonders hochwertig, und die Bauern können damit auf den Lebensmittelmärkten höhere Preise erzielen als mit hellem Hühnerfleisch. Auch religiöse Rituale spielen eine Rolle, wie z. B. im Fall der Ayam Cemani, die traditionell auch in religiösen Zeremonien eingesetzt werden. Wie dem auch sei, viele dieser dunklen Hühner sind wohl nur lokal bekannte Schläge, die lediglich in ihren jeweiligen Heimatregionen ein Begriff sind. So war es lange Zeit auch bei den Gà H'Mông aus Vietnam, die erst seit relativ kurzer Zeit von der westlichen Welt beachtet werden, inzwischen aber ganz klar eine Trendrasse geworden sind.

Herkunft und Entstehung: Benannt ist die Rasse nach der Ethnie der H'Mông, von der sie zuerst in den Bergprovinzen im Norden und Nordwesten Vietnams gezüchtet wurde. Sie war zwar nicht in das SYNBREED-Projekt integriert, jedoch Bestandteil einer Vorläufer-Untersuchung mit vergleichbarer Methodik (GRANEVITZE et al. 2009). Dort zeigte sich eine gemischte Herkunft aus chinesischen und südostasiatischen Ursprüngen. Sichtbar wurden drei maßgebliche Cluster, die weitgehende Entsprechungen im SYNBREED-Projekt haben:

- Südostasiatische Rassen (vergleichbar dem Südostasiatischen Cluster): ca. 40 %
- Schwere chinesische Rassen (vergleichbar dem Chinesischen Cluster): ca. 40 %
- Leichte chinesische Rassen (vergleichbar dem Seidenhuhn und Zwerg-Cochin-Cluster): ca. 15 %

Damit erinnern die Gà H'Mông in ihrer Komposition an die Ayam Cemani, die ebenso deutliche südostasiatische und chinesische Signale aufweisen, wobei man die Werte aufgrund des unterschiedlichen Datensatzes und verschiedener verwendeter Marker (Single Nucleotid Polymorphismen bzw. Mikosatelliten) nicht direkt vergleichen kann. Die Ergebnisse machen jedoch deutlich, dass eine nahe Verwandtschaft zwischen den Gà H'Mông und den Ayam Cemani durchaus wahrscheinlich ist.

Erscheinungsbild: Die in Europa gezüchteten Gà H'Mông sind mittelgroße Hühner im Landhuhntyp

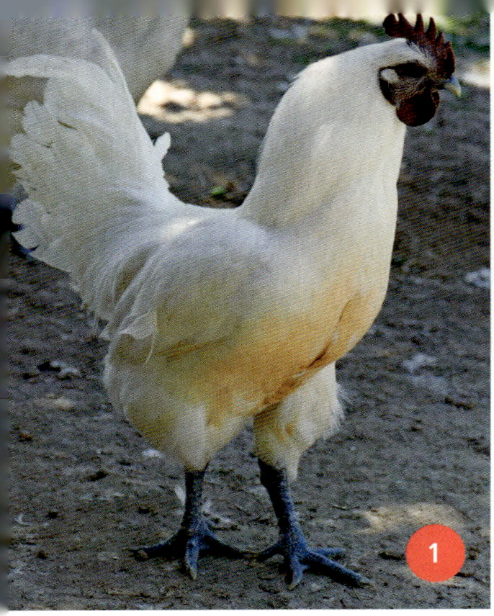

(1) Ga H'Mong-Hähne sind in der Regel recht aufmerksam, jedoch dem Halter gegenüber friedfertig.
(2) Ein Cemani-Hahn vom vorhergehenden Portrait im direkten Vergleich zu einem Ga H'Mong-Hahn.
(3) In Vietnam werden Ga H'Mong auch in einer nackthalsigen Variante gezüchtet. Dieses Küken gehörte zu den ersten Nackthals-Ga H'Mong, die in Europa aus dem Ei geschlüpft sind.

mit langer und voller Befiederung. In Vietnam sind jedoch auch deutlich schwerere Typen vorhanden. Sie tragen immer einen Einfachkamm und kommen im Heimatland auch mit Federschopf vor. Vietnamesische Hühnerzüchter legen auf ein einheitliches Federkleid in den Zuchtgruppen keinen Wert, denn sie selektieren in erster Linie in Richtung dunkle Fleischfärbung und gute Mästbarkeit. So kann man dort Silberhalsige, Schwarze, Wildbraune, Orangehalsige und sogar erstaunlich viele Exemplare mit Sprenkelung ähnlich den Brakel und Ostfriesischen Möwen antreffen. Ob letzteres Zeichnungsbild ursprünglich ist oder mit den Fayoumi, die ja in viele asiatische und afrikanische Länder importiert wurden, nach Vietnam gelangte, muss derzeit noch unklar bleiben.

Derzeit sind die Gà H'Mông in Europa oftmals weißfiedrig, doch haben mittlerweile auch andere Farbvarianten bei uns Einzug gehalten, die sich in Zukunft weiter verbreiten dürften.

Leistungseigenschaften: Die Legeleistung liegt bei etwa 120 Eiern im Jahr, wobei die Schalenfarbe zwischen weiß und cremebraun schwanken kann. Eigewichte von 50 g werden nur selten überschritten. Werden die Hennen nicht zu reichhaltig gefüttert, bleiben sie einige Jahre lang fit und legen dann auch im Alter von 4–6 Jahren noch sehr passabel.

Wesenseigenschaften: Charakterlich sind Gà H'Mông eine sehr ruhige, ausgeglichene und nicht sonderlich agile Rasse. Das muss sie auch sein, denn in Vietnam werden die Tiere auf eine Weise gezüchtet, die durchaus an eine abgemilderte Form der Massentierhaltung denken lässt und für nervöse Hühner denkbar ungeeignet ist. Zu Gruppen von mehreren hundert Tieren werden die Gà H'Mông in halboffenen Bambus-Ställen aufgezogen und für den Fleischmarkt gemästet. Auch hierzulande gibt es bereits eine gewisse Nachfrage von Seiten der Gastronomie. Dabei sind Gà H'Mông sehr liebenswerte Gartenhühner, die schon als Küken ungewöhnlich dunkel aussehen.

Bruttrieb: Der Bruttrieb ist zwar grundsätzlich vorhanden, kommt aber vergleichsweise selten zur Ausprägung.

Empfehlungen für Zucht und Haltung: Leider sind Gà H'Mông sehr empfindlich gegenüber Fütterungsfehlern während der Aufzucht. Sie dürfen weder Vitamin- noch Mineralstoffmangel ausgesetzt sein, da es ansonsten zu einem verstärkten Auftreten von Fußproblemen und Fehlstellungen der Läufe kommen kann. Auch eine zu proteinhaltige Fütterung während der ersten drei Wochen scheint solche Erscheinungen zu begünstigen. Daher sollte man den Kükenstarter nicht zu lange verfüttern und auch den Eiweißanteil im Aufzuchtfutter erst niedrig halten und dann im Laufe der ersten drei Monate sachte, aber kontinuierlich anheben, bis er dem Niveau anderer fleischbetonter Hühnerrassen entspricht. Erfahrene Gà H'Mông-Züchter mischen ihr Aufzuchtfutter daher gerne selber, um es jederzeit der Situation anpassen zu können.

Cubalaya

Als kubanische Nationalrasse bieten die Cubalaya optisch eine recht interessante Mischung aus Zierrasse und Kampfhuhn. Der Inselstaat in der Karibik bot den perfekten, abgeschiedenen Rückzugsort für die Entstehung einer besonderen Hühnerrasse, in der sich verschiedenste Einflüsse zu etwas Neuartigem verbinden konnten.

Herkunft und Entstehung: Cubalaya gehen auf kubanische Hühner zurück, die im Heimatland 1935 und in den USA 1939 als Rasse anerkannt wurden. Ihre maßgebliche Ursprungsregion liegt jedoch, wie die vieler anderer Rassen mit ähnlichem Habitus, im südostasiatischen Raum. So stammen sie von verschiedenen philippinischen und vietnamesischen Kampfhühnern ab, die von spanischen Seefahrern nach Kuba gebracht und dort mit europäischen

(1) Eine zimtfarbige Henne mit typischem, nach unten gebogenem Hummerschwanz.
(2) Hahn und Henne in Zimtfarbig.
(3) Hahn mit charakteristischem, dreireihigem Erbsenkamm.
(4) Blau-Zimtfarbiger Cubalaya-Zuchthahn.
(6) Silber-Zimtfarbig ist ein neuer, noch nicht anerkannter Farbschlag.

Fotos © Magnus Erdtmann

Ein weißer Zuchtstamm beim deutschen Cubalaya-Experten Magnus Erdtmann.

Kampfhuhnvarianten (Altenglische und Spanische Kämpfer) gekreuzt wurden. Nach Deutschland gelangten sie 1978.

Erscheinungsbild: Obwohl Cubalaya ihre Abstammung von Kampfhühnern nicht verleugnen können, wirken insbesondere die Hähne mit ihren langen Schwanzfedern sehr prachtvoll und erreichen einen hohen Zierwert. Sie zeigen eine elegante Form mit abfallender Haltung auf gut mittelhoher Stellung und einen ungewöhnlich weit auseinander gespreiztem Schwanz (Hummerschwanz), der in gerader Linie dem Rücken folgend abwärts getragen wird. Sie haben einen Erbsenkamm, rote Ohrlappen und fleischfarbige Läufe, die bei den Hähnen mehrsporig sein können. Auch farblich haben die „kubanischen Hummerschwänze" eine Besonderheit zu bieten, denn ihr häufigster Farbenschlag Zimtfarbig, eine dunkle Variante der Weizenfarbe, findet sich kaum bei einer anderen Hühnerrasse. Neben seiner Blau-Variante (Blau-Zimtfarbig), werden in Mitteleuropa weiterhin die Weißen und die noch nicht anerkannten Schwarzen gezüchtet. Hinzu kommen in den USA die Farbenschläge Blau, Silber-Zimtfarbig, Orange-Zimtfarbig und Blau-Orange-Zimtfarbig.

Leistungseigenschaften: Die Legeleistung liegt bei ca. 100–120 weißen bis gelblichen, mindestens 50 g schweren Eiern.

Wesenseigenschaften: Cubalaya sind nicht nur schön, sondern können ihrem Halter gegenüber auch sehr zahm und zutraulich werden. Sie gelten als sehr langlebig, 10–15 Lebensjahre sollen durchaus keine Seltenheit sein. Da sie im Vergleich zu ihren Verwandten sehr friedlich sind, vergisst man leicht, dass sie zu den Kampfhühnern gehören.

Bruttrieb: Wie bei den meisten Kampfhuhnverwandten ist auch bei den Cubalaya der Bruttrieb gut ausgebildet. Die Hennen sind zuverlässige und fürsorgliche Mütter.

Empfehlungen für Zucht und Haltung: Cubalaya zählen zwar zu den mittelschweren Rassen, wirken aber durch ihre Befiederung deutlich größer und benötigen recht viel Raum in Stall und Auslauf. Obwohl sie vergleichsweise friedlich sind, kann es vereinzelt zu Kämpfen unter den Junghähnen kommen.

Zwergform: Zwerg-Cubalaya entstanden in den USA auf Basis der Großrasse, wobei die geringere Körpergröße wohl von Zwergformen langschwänziger Hühner und Zwerg-Kämpfern eingebracht wurde. Die Aufnahme in den Standard erfolgte dort 1960, Farbvarianten sind Zimtfarbig, Schwarz und Weiß. Mittlerweile werden sie auch in Deutschland gezüchtet, sind als Schaurasse jedoch noch nicht anerkannt.

Malaien und Pfälzer Kämpfer

Malaien repräsentieren die erste asiatische Kampfhuhnrasse, die nach Europa eingeführt wurde. Als solche wurden sie namensgebend für eine ganze Gruppe von Haushühnern, die seitdem unter dem Begriff „Malaientyp“ zusammengefasst werden (siehe Band 1, Seite 18).

Herkunft und Entstehung: Als die Malaien Anfang des 19. Jahrhunderts nach England und von dort 1834 nach Deutschland eingeführt wurden, hat ihr großer, aufgerichteter, stark von den europäischen Landhuhntypen abweichender Habitus zu teils wagemutigen Theorien über ihre Herkunft geführt. Das ging sogar so weit, den Ursprung der asiatischen Kämpfer in einem mittlerweile ausgestorbenem Riesenwildhuhn (*Gallus giganteus*) zu vermuten, das spezielle Attribute dieser Gruppe wie Wulst- und Erbsenkamm oder deren stark abweichende Form eingebracht haben soll. Diese Theorie hält sich in Fachbüchern bis heute, konnte aber bis dato durch keinerlei Untersuchung gestützt wer-

(1) Kopfstudie einer gold-weizenfarbigen Malaien-Henne.
(2) Der Kopf des Malaien-Hahns wird durch einen kleinen, eng ansitzenden Wulstkamm gekrönt.
(3) Der wichtigste Farbschlag bei den Malaien ist Gold-Weizenfarbig und wie man hier gut sieht, sind die Hähne bei dieser Variante im Vergleich zu den Hennen extrem dunkel gefärbt.

(1+2) Zwerg-Malaien auf einer Geflügelschau in Oberösterreich. Sie gehören zu den größten verzwergten Rassen.
(3+4) Malaien in Gold-Weizenfarbig. Für eine Kämpferrasse legen die Malaien-Hennen vergleichsweise gut.

den. Auch die bislang umfangreichste Studie, das SYNBREED-Projekt, das mit den pakistanischen Asil einen ursprünglichen, kaum durch europäische Rassen beeinflussten Malaientyp beinhaltete, lieferte keine Hinweise in diese Richtung. Im Gegenteil, die Asil aus dem Ursprungsgebiet gehören im Neighbor-Joining zu den nächsten Verwandten der Bankivahühner. Auch wenn damit ein geringfügiger, mit den hier angewandten Methoden nicht nachweisbarer Input einer weiteren, möglicherweise ausgestorbenen Wildhuhnart nicht prinzipiell auszuschließen ist, kann eine komplett andere Abstammung, die das abweichende Erscheinungsbild erklären soll, mit hinreichender Sicherheit ausgeschlossen werden. Auch beinhaltet der südostasiatische Zweig des Haushuhns zahlreiche Übergangsformen zwischen Bankiva- und Malaientyp, sodass Letzterer ebenso als stark abgeleitete Form dieser Entwicklungslinie interpretiert werden kann.

Da im südostasiatischen Ursprungsgebiet zahlreiche lokale Malaien-Varianten vorkommen, ist unklar, welche davon die Basis der europäischen Bestände bildete. Diese sollen jedoch zu Beginn robuster, stabiler und niedriger gestellt gewesen sein als die heutige Zuchtform, also ganz offensichtlich mehr den Asil oder Shamo geähnelt haben. In Europa kam es dann, wie auch bei anderen südostasiatischen Rassen, zur Einkreuzung Altenglischer Kämpfer, deren Anteil bei den typisierten deutschen Tieren auf 35–40 % geschätzt werden kann. Erwartungsgemäß dominiert das Südostasiatische Cluster mit gut 40 %, gefolgt von den beiden chinesischen Komponenten, die bei den Malaien mit knapp 15 % stärker ausgebildet sind als bei den Asil. Hinzu kommt ein westasiatisch-nordostafrikanischer Anteil von gut 5 %.

Erscheinungsbild: Malaien zeigen einen sehr großen, muskulösen und sehr hoch gestellten Kämpfertyp mit stolzer Haltung, gelben bis weidengrünen Läufen und kurzem, sehr knappem Gefieder. Insbesondere Hähne können im Alter relativ kahl wirken. Die Körperhöhe liegt im Normalfall bei 70–80 cm und kann maximal über 90 cm betragen. Charakteristisch ist die Dreibogenlinie aus Hals, gewölbtem Rücken und Schwanz. Der Kopf mit dem Wulstkamm, den kaum vorhandenen Kehllappen und den perlfarbigen bis gelblichen Augen erinnert stark an den eines Greifvogels.

In Mitteleuropa gezüchtete Farbenschläge sind
- Gold-Weizenfarbig, Blau-Weizenfarbig
- Fasanenbraun, Wildbraun, Rotgesattelt
- Weiß, Schwarz, Gesperbert
- Braun-Porzellanfarbig

Am häufigsten sind mit großem Abstand die Gold-Weizenfarbigen.

Leistungseigenschaften: Die Hennen legen im Allgemeinen zwischen 80 und 90 gelbe bis bräunliche, mindestens 50 g schwere Eier.

Wesenseigenschaften: Stolz, Ruhe und Vertrauensseligkeit sind hier mit den typischen Eigenschaften eine Kämpferrasse wie ausgeprägtem

Rangordnungsverhalten und Aggressivität kombiniert. Gegenüber ihrem Halter sind Malaien neugierig, aufgeschlossen, zahm und zugewandt, untereinander in beiden Geschlechtern aber oft nur schwer verträglich.

Bruttrieb: Wie bei vielen anderen Kämpfern auch ist der Bruttrieb bei den Malaien noch recht gut ausgeprägt. Zuweilen kann es bereits zwischen den heranwachsenden Küken zu Rangordnungskämpfen kommen, noch während sie von der Glucke geführt werden. In diesem Fall sollte der Züchter schleunigst einschreiten und die Kontrahenten trennen.

Empfehlungen für Zucht und Haltung: Malaien sind robust, selbstbewusst, ruhig und nicht flugtüchtig. Aufgrund ihrer Kampfbereitschaft sollte man niemals mehrere Hähne zusammen halten. Auch sollten Junghähne beizeiten getrennt werden, wobei ein erfahrener Althahn in einer Junggesellengruppe schlichtend fungieren kann, zumindest bis die Junghähne vollständig ausgewachsen sind. Auch die Hennen haben ein ausgeprägtes Aggressionsverhalten, weshalb es oft schwierig ist, Neuzugänge in eine Gruppe zu integrieren. Im günstigsten Fall hält man die Tiere paarweise oder in Stämmen von einem Hahn und zwei Hennen, wobei die Hennen zusammen aufgewachsen sein sollten. Während der Aufzucht ist auf eine mineralstoffreiche Kost zu achten, die den Aufbau eines stabilen Knochengerüsts ermöglicht.

Ein Malaien-Hahn kann eine Standhöhe von bis zu 90 cm erreichen.

Zwergform: Zwerg-Malaien wurden Mitte des 19. Jahrhunderts vom bekannten englischen Fachbuchautor William Flamank Entwisle aus der Großrasse und den sich gerade in der Entstehung befindenden Modernen Englischen Zwergkämpfern herausgezüchtet. Erste Farbenschläge waren Gold-Weizenfarbig, Fasanenbraun, Rotgesattelt, Weiß und Braun-Porzellanfarbig. Ende des 19. Jahrhunderts nach Deutschland gekommen, werden sie hier mittlerweile auch in Silber-Weizenfarbig, Blau-Weizenfarbig, Silberhalsig, Silberhalsig mit Orangerücken, Schwarz, Gesperbert und Schwarz-Weißgescheckt gezüchtet. Sie legen zwischen 60 und 90 hellbraune, mindestens 30 g schwere Eier und entsprechen in ihren Eigenschaften weitgehend der Großrasse.

Pfälzer Kämpfer: In den 1990er Jahren entstand in Rheinland-Pfalz unter dem Einfluss von Malaien eine erbsenkämmige Zuchtform der Modernen Englischen Kämpfer, die als Pfälzer Kämpfer anerkannt wurde. Hintergrund war der Wunsch, ein Huhn vom Typus der Modernen Englischen Kämpfer zu erzüchten, dass einen kleineren, kompakteren und somit weniger empfindlichen Kamm hat. Auf diese Weise soll die gemeinsame Aufzucht der Hähne erleichtert werden. Durch den gleich zweimaligen Malaien-Input dürften sie diesen genetisch stark ähneln und auch hinsichtlich ihrer Eigenschaften vergleichbar sein. Sie werden in Goldhalsig und Rotgesattelt gezüchtet.

(1+2) Ein stolzer Indischer Kämpfer-Hahn mit kräftigen Beinen und einem selbstbewussten Blick.

(3) Sowohl Lila- als auch Grüntöne werden vom Gefieder der Indischen Kämpfer-Hähne stark reflektiert.

(4) Der dreireihige Erbsenkamm und die eng ansitzenden Kehllapen, gepaart mit ringförmigen Augenwülsten, verleihen der Henne ein markantes Äußeres.

(5) Indische Kämpfer brauchen während der Aufzucht viel Bewegung im Freilauf, denn nur so können sich Knochen und Muskeln ausreichend stabil entwickeln.

Indische Kämpfer

Indische Kämpfer, oder genauer deren Nachfahren, sind rückblickend wohl eine der wichtigsten globalen Wirtschaftsrassen und zählen damit sogar zu den häufigsten Vögeln der Welt. Das ist leider weniger positiv, als es auf den ersten Blick erscheinen mag, denn wer seine erste Begegnung mit dem überaus freundlichen, ja fast schon „drolligen", Charakter der Rasse hatte, ahnt nicht, dass es sich hier um eine der wichtigsten Ausgangsrassen für die heutige Zucht von Turbo-Masthühnern handelt.

Herkunft und Entstehung: Indische Kämpfer entstanden um 1820 in Südengland aus der Verpaarung vornehmlich goldhalsiger Altenglischer Kämpfer mit Asil der schwereren südindischen Kulangtypen und Malaien. Man wollte durch Kombination europäischer und asiatischer Kämpfer ein neues, noch effizienteres Kampfhuhn schaffen. Doch zeigte sich schon bald, dass die so entstandene Züchtung zwar extrem stark bemuskelt, aber viel zu schwerfällig für den Kampfplatz war. Und so wurden die Indischen Kämpfer zwar niemals ein Kampfhuhn, dafür aber ein umso beliebteres Schauhuhn, das aufgrund seiner Frohwüchsigkeit und seines starken Muskelansatzes ebenso Verwendung als Tafelhuhn fand.

Bis zu den 1880er Jahren wurde aus diesen Anfangsbeständen ein einheitlicher Typ selektiert, der in England als „Indian Game" oder „Cornish" (benannt nach der Region Cornwall in Südengland) bezeichnet wurde. Die reiche Bemuskelung in Kombination mit Frühreife und einem ruhigen, fast schon bewegungsfaulen Charakter waren die ideale Basis für ein Masthuhn, das durch die Kombination ihrer weißen Variante (White Cornish) mit weißen Plymouth Rocks (White Rocks) als erste Hochleistungslinie dieser Art entwickelt wurde. Zuchtlinien, die den „Pionieren" der Intensivmast in der ersten Hälfte des 20. Jahrhunderts ungeahnt große

Gewinne einbrachten. Auch heute noch steckt in allen modernen Masthybriden das Erbe der White Cornish und somit auch der Indischen Kämpfer. Der im deutschen Sprachraum so bekannte Broiler ist davon keine Ausnahme. Glücklicherweise starben die originalen Indischen Kämpfer im Schatten ihrer kommerziell genutzten Verwandtschaft nicht aus, sondern blieben in Liebhaberkreisen bis heute erhalten. Ihre Entstehungsgeschichte spiegelt sich auch in der Admixture-Analyse wider, die einen europäischen Anteil von gut 40 % zeigt, der in seiner Zusammensetzung weitgehend den Altenglischen Kämpfern entspricht. Hinzu kommt als Asil- und Malaienerbe das Südostasiatische Cluster mit ca. 50 %, ergänzt durch die moderat vertretene westasiatisch-nordostafrikanische Komponente, die knapp 10 % umfasst und mehrheitlich von den Asil herrühren dürfte.

Erscheinungsbild: Indische Kämpfer sind kompakt und breitschultrig gebaut, haben eine knappe, feste Befiederung und wirken mit ihrem kräftigen Kopf, der durch einen kleinen Erbsenkamm und deutliche Augenwülste akzentuiert wird, wie typische Kämpfer eines schweren Typs. Die Tiere sind breit und möglichst niedrig gestellt, die gelben Läufe kräftig, die Ohrlappen rot. Die aparte Federzeichnung der fasanenbraunen Varianten, bei der es sich wie bei den Barneveldern um eine Doppelsäumung handelt, basiert wie die Bänderung auf einem Wildfarben-Allel (hier der asiatischen Wildfarbe eb) und dem Zeichnungsfaktor Pg (Pattern gene). Hinzu kommt noch der Eumelanin-Verstärker Ml (Melanotic), der die Bänderung zur Doppelsäumung intensiviert (eb Pg Ml). Diese Zeichnungsform kommt bei den Indischen Kämpfern mit schwarzer, blauer oder weißer Säumung vor, woraus sich die die Farbbezeichnungen Fasanenbraun, Blau-Fasanenbraun, und Weiß-Fasanenbraun (Jubilee) ableiten. Weitere Farbenschläge sind Gelb (erzüchtet mithilfe von Cochin) und Weiß (entstanden unter Mitwirkung entsprechend gefärbter Malaien).

Leistungseigenschaften: Die Legeleistung liegt im Bereich von 70–80 bräunlichen, mindestens 50 g schweren Eiern.

Wesenseigenschaften: Im Gegensatz zu ihrem Namen und anders als ihre Verwandten sind Indische Kämpfer nicht sonderlich kampflustig, sondern von eher ruhigem und gelassenem Wesen. Außerdem sind sie nicht sehr schnell und beweglich. Sie können sehr zahm und menschenbezogen werden und erfreuen mit ihrem vertrauensvollen Wesen zahlreiche Züchter und Halter in vielen Ländern der ganzen Welt.

Bruttrieb: Wie auch bei anderen Kampfhühnern ist der Bruttrieb bei den Indischen Kämpfern noch sehr gut ausgebildet. Die Glucken gelten als ausgezeichnete Mütter.

Empfehlungen für Zucht und Haltung: Wegen ihres friedlichen Wesens ist die Haltung der Indischen Kämpfer unkomplizierter als die ihrer Verwandten. Trotzdem sollte man nicht unbedingt mehrere Hähne zusammenhalten, da auch bei ihnen hin und wieder das Kampfhuhn-Erbe zum Vorschein kommen kann. Da sie nicht übermäßig agil sind, benötigt man keine hohen Umzäunungen und weitläufigen Ausläufe. Indische Kämpfer sind sehr frohwüchsig und robust, benötigen aber zum Aufbau ihrer immensen Muskel- und Knochenmasse mehr Protein und Kalk als andere Rassen. Wer Freude am Erscheinungsbild eines Kampfhuhnes hat, aber eher friedliche Hühner bevorzugt, liegt bei den Indischen Kämpfern genau richtig.

Zwergform: Indische Zwergkämpfer wurden in den 1880er Jahren in England vom bekannten Fachbuchautor William Flamank Entwisle erzüchtet. Zu ihren Ahnen zählen neben der Großrasse hauptsächlich auf geringe Körpergröße gezüchtete Asil und Moderne Englische Zwerg-Kämpfer, die zuvor in der gleichen Zucht entstanden sind. Farbenschläge sind Fasanenbraun, Blau-Fasanenbraun, Weiß-Fasanenbraun (Jubilee) und Weiß. Die Zwerge legen 50–80 hellbraune, mindestens 30 g schwere Eier. Auch sie haben einen ausgeprägten Bruttrieb und sind gute Glucken. Im Wesen entsprechen sie weitgehend ihren großen Verwandten.

Rassen ostasiatischer Herkunft

Charakteristisch für diese Gruppe ist eine hohe Frequenz des Chinesischen Clusters bzw. dessen Abspaltung, des Seidenhuhn- und Zwerg-Cochin-Clusters. Sie umfasst alle indigenen chinesischen Rassen und deren europäische Zuchtformen.

Mit den Cochin und den Jersey Giants präsentieren wir nun zwei weitere Rassen im schweren asiatischen Typ, die sich bezüglich ihrer Herkunft ausschließlich auf Mitte des 19. Jahrhunderts eingeführte Tiere zurückführen lassen.

Cochin

Cochin haben wie kaum eine andere Rasse die weltweite Hühnerzucht beeinflusst und im Laufe der Geschichte zahlreiche Züchtungen entschei-

Ein weißer Cochin-Hahn mit ausgeprägter Fußbefiederung.
Foto © Jens Engelmann

dend mitgeprägt. Ein Großteil der Rassen gemischter Herkunft und selbst verschiedene Farbenschläge basal europäischer Rassen zählen die Cochin zu ihren maßgeblichen Vorfahren.

Herkunft und Entstehung: Der Name Cochin leitet sich von „Cochin China" ab, womit früher das heutige Vietnam bezeichnet wurde. Hühner dieses Typus sind in China und den südlich angrenzenden Nachbarländern auch heute noch in zahlreichen lokalen Variationen vorhanden, von denen viele nur regional bekannt sind. Nach Europa und Nordamerika kamen Cochin durch mehrere Importe in den 1840er Jahren über den Hafen von Shanghai. Diese Tiere präsentierten sich jedoch keineswegs so einheitlich wie heute. Neben relativ hochstehenden, knapp befiederten Formen mit gerade einmal ansatzweiser Fußbefiederung waren darunter ebenso stärker gedrungene Schläge mit ausgeprägter Befiederung des Körpers und der Läufe. Gemeinsam waren ihnen lediglich die enorme Körpergröße und die Kopfpunkte mit Einfachkamm und roten Ohrlappen. Durch Selektion auf den tiefgestellten, federreichen Typ wurden bis 1860 alle heute als typisch geltenden Merkmale gefestigt.

Die chinesische Abstammung der Cochin spiegelt sich auch der Admixture-Analyse wider. Zum mit 70 % dominierenden Chinesischen Cluster kommt bei den typisierten Schwarzen als zweitstärkster Anteil die Seidenhuhn- und Zwerg-Cochin-Komponente mit 15 % hinzu. Vervollständigt wird der Genpool durch zwei weitere asiatische Cluster, das Südostasiatische mit 10 % und das Japanische mit 5 %. Im Neighbor-Joining bilden die Cochin die Schwesterrasse der Brahma, was sicher auch auf wechselseitigen Austausch im Laufe der Zuchtgeschichte beider Rassen zurückzuführen ist (siehe Band 1, S. 130).

Erscheinungsbild: Cochin haben einen großen, schweren, breiten und tiefen Körper mit sehr reicher, voller, jedoch nicht langer Befiederung. Sie tragen einen relativ kleinen Einfachkamm und haben rote Ohrlappen. Die befiederten Läufe sind gelb, können bei den schwarz-basierten Farbenschlägen aber auch weidengrün sein. Häufigster Farbenschlag sind von jeher die Gelben. Schon die ersten Importe werden als Weizenfarbig bis scheckig gelb beschrieben. Das Gelb der Cochin (im Englischen „Buff" genannt) entspricht genetisch dem der Orpington (siehe Band 1, S. 134). Es basiert auf der Weizenfarbe e^{wh} und den beiden Eumelanin-Restriktoren Columbia (Co) und Dark brown (Db), wodurch das schwarze Pigment nahezu komplett zurückgedrängt wird. Der Phaeomelanin-Verstärker Mahogany (Mh) intensiviert die Goldfärbungen zu Rot, das vom Phaeomelanin-Verdünner Dilute (Di) zu sattem Gelb aufgehellt wird: e^{wh} Co Db Mh Di s^{+}. Ebenfalls ursprünglich sind die Schwarzen, Weißen und Rebhuhnfarbig-Gebänderten. Später kamen noch die Farbenschläge Blau, Gesperbert, Schwarz-Weißgescheckt, Silber-Schwarzgesäumt und Gold-Schwarzgesäumt hinzu.

Ein sehr massiver schwarzer Cochin-Hahn, der 4,5 kg wiegt.

Foto © Shutterstock/Stefan Petru Andronache

(1) Diese Junghennen und Junghähne des Farbenschlages Weiß dürfen zur Schonung ihrer Fußbefiederung auf einer sauberen, getrimmten Rasenfläche ihren Freilauf genießen.
(2+3) Kopfportäts einers Hahns und einer Henne des weltweit häufigsten gelben Farbenschlages.
(4) Cochin-Henne im Farbschlag Blau.

Leistungseigenschaften: Die Hennen legen jährlich zwischen 90 und 120 braungelbe, mindestens 53 g schwere Eier.

Wesenseigenschaften: Cochin sind ruhig, gelassen, zahm und zutraulich. Die Tiere fliegen kaum und neigen in Schrecksituationen eher dazu, etwas unbeholfen und „ratlos" umher zu hüpfen, als wirklich zu flüchten. Auch die Hähne haben zumeist ein recht angenehmes, bedächtig wirkendes Temperament, was bei älteren Tieren insofern zum Problem werden kann, da sie „tretfaul" werden. Schon die Küken verhalten sich recht bedächtig und zutraulich. Sie sind in aller Regel unproblematisch in der Aufzucht.

Bruttrieb: Cochin-Hennen haben einen ausgeprägten und verlässlichen Bruttrieb. Sie eignen sie sich außerdem sehr dafür, ältere Küken aus Kunstbrut oder verwaiste Küken aus gescheiterten Naturbruten bis zu einem Alter von drei Wochen noch nachträglich zu adoptieren.

Empfehlungen für Zucht und Haltung: Durch ihr zahmes, ruhiges Wesen und ihren geringen Aktionsradius eignen sich Cochin trotz ihrer Größe auch zu Gartenhaltung, wobei hohe Umzäunungen nicht erforderlich sind. Im Auslauf sollten sie einen vor Regen geschützten Unterstand haben, da ihr flauschiges Gefieder ansonsten leicht durchnässt. Wie bei allen federfüßigen Rassen sollte der Auslauf frei von Matsch sein. Im Stall müssen die Sitzstangen eher niedrig angebracht sein, um den schweren Tieren das Aufbaumen und Herunterfliegen zu erleichtern.

Zwergform: Zwerg-Cochin (siehe Band 1, S. 139 ff.) sind keineswegs, wie vielfach angenommen, eine Verzwergung der Großrasse, sondern haben in China eine eigenständige Zuchtgeschichte und sind vielmehr als Urzwerg („True bantam") im Cochintyp zu betrachten. Klarer ist hier die englische Terminologie, in der die Zwerg-Cochin als Peking Bantam, also Peking-Zwerghühner, bezeichnet werden. Ein überaus passender Name, der eine Assoziation mit den großen Cochin von vorneherein ausschließt.

Jersey Giants

„Jersey Giants" – das hört sich nach einem amerikanischen Football- oder Basketballteam an, und weniger nach einer alten Hühnerrasse. Und so sind den Züchterinnen und Züchtern verwunderte Blicke durchaus vertraut, wenn sie sagen: „Wir züchten Jersey Giants". Dabei ist der Name durchaus gerechtfertigt, handelt es sich doch um eine der größten bekannten Rassen in der Zuchtgeschichte des Haushuhns.

Herkunft und Entstehung: Jersey Giants wurden vor fast 150 Jahren im US-Bundesstaat New Jersey erzüchtet. Da man mit der Züchtung das Ziel verfolgte, die Puten in den Mastställen zu ersetzen, war Größe von Beginn an das primäre Zuchtziel. Seinerzeit waren Puten der Hauptfleischlieferant in den USA und man wollte prüfen, ob besonders große Hühner möglicherweise wirtschaftlicher zu halten wären. Phänotypisch kam man relativ schnell zum gewünschten Ergebnis, denn durch die gezielte Verpaarung von schwarzen Java, Croad Langschan und Brahma erhielten die Züchter tatsächlich außerordentlich große Hühner. Denn auch die mittlerweile extrem seltenen Java sind eine

(1) Die Jersey Giant-Hennen haben im Vergleich zu ihren Hähnen relativ kleine Kämme.
(2) Ein Jersey Giant-Trio des blauen Farbschlages. Man beachte die unterschiedliche Farbtönung der Hennen.
(3) In der Kopfstudie des Jersey Giant-Hahns fällt sogleich der dunkle Blick auf, verursacht durch eine vergleichweise stark pigmentierte Iris.

1

2

alte Rasse asiatischen Ursprungs, die dem Kreis der „Riesenhühner" zuzurechnen ist und in verwandtschaftlichem Bezug zu Cochin, Brahma und Croad-Langschan steht.

Eine ernsthafte Konkurrenz für die Puten sollten diese Riesenvögel dennoch niemals werden. Denn viel zu langsam war ihr Muskelwachstum und viel zu schlecht das Verhältnis zwischen Futterverbrauch und Schlachtausbeute, als das sie für kommerzielle Haltungsformen geeignet wären. Zwar kamen Jersey Giants zu Beginn ihrer Geschichte durchaus als Masthühner zum Einsatz, jedoch nur im eher begrenzten Umfang. Im Grunde genommen hätte das auch schon das Ende der Rasse sein können, wären da nicht ein paar eingefleischte Fans aus der Hobby-Hühnerhaltung gewesen, die sich der sanften Riesen annahmen.

Erscheinungsbild: Der Körper dieses einfachkämmigen Huhns ist breit, tief und wird auf mittelhoher Stellung waagerecht getragen. Die Läufe sind bei den Schwarzen und Blau-Gesäumten schwarz mit gelben Sohlen und teils weidengrünem Anflug. Bei den aus den Schwarzen angefallenen Weißen sind sie oliv- bis weidengrün. Die Ohrlappen sind rot.

Ausgewachsene Hähne können bis zu 6 kg auf die Waage bringen und dabei eine Höhe von 80 cm erreichen. Doch nicht nur Gewicht und Größe machen diese Riesenhühner zu Blickfängen, auch ihre klare Farbgebung lädt zum Hinsehen ein. Das tiefe Schwarz des Hauptfarbenschlags schillert bei günstigem Lichteinfall dunkelgrün und verleiht diesen Hühnern trotz ihrer Masse eine gewisse Eleganz. Weiß klingt vielleicht auf den ersten Blick etwas langweilig, hat aber bei den Jerseys durch-

(1) Züchterstolz bei Angelika: Weiße Jersey Giants sind auch bei den Liebhabern der Rasse nur selten zu finden.
(2) Zwei vier Monate alte Junghähne, die unterschiedlicher nicht sein könnten: Der eine ist ein Jersey Giant und wiegt bereits 3 Kilogramm, während der andere zur Rasse Serama zählt und gerade mal 400 Gramm geschafft hat.
(3) Jersey Giant-Hennen haben zwar oftmals den Bruttrieb, doch tritt er zumeist erst ab der zweiten Legeperiode in Erscheinung.
(4) Jersey Giant-Hahn im Farbschlag Schwarz.
(5) Jersey Giant-Küken wachsen sehr schnell, doch befiedern sich dafür anfangs of nur sehr lückenhaft.

aus seinen Reiz. Da die Tiere stark pigmentierte, dunkle Augen haben, entsteht mit der weißen Gefiederfarbe und den recht dunklen Läufen ein sehr schöner Kontrast.

Leistungseigenschaften: Die Legeleistung liegt bei 130–140 braunen, mindestens 60 g schweren Eiern, wobei je nach Zuchtlinie auch deutlich höhere Eizahlen möglich sind.

Wesenseigenschaften: Jersey Giants haben ein ausgeglichenes, sanftmütiges und ruhiges Wesen. Sie sind aufgrund ihres hohen Gewichts weder sonderlich agil noch neigen sie zum Fliegen.

Bruttrieb: Wie bei allen schweren Rassen des asiatischen Typs ist der Bruttrieb noch vorhanden, sodass in einer Herde regelmäßig brütende Hennen zu erwarten sind.

Empfehlungen für Zucht und Haltung: Wichtigste Voraussetzung für die Haltung von Jersey Giants ist ausreichend Platz, denn eins sind sie ganz gewiss nicht: Hühner für den kleinen Vorgarten. Die Fütterung muss dem Alter der Tiere angepasst werden, denn während die Alttiere zum Verfetten neigen, entwickeln sich die Küken nur unzureichend, wenn die Futterbasis schlecht ist. Wachsen die Jungtiere jedoch zu schnell heran, kann es insbesondere bei den Hähnen zu Problemen mit dem Bewegungsapparat (Hinker) und dem Kreislauf (zu schwache Herzen) der Halbstarken kommen. Bedingt durch ihr ruhiges, friedliches Wesen sind sie weitgehend unproblematisch in Umgang und Haltung.

Fotos © Adrian Brandstätter

Rassen japanischer Herkunft

Obwohl die japanischen Kämpfer in der Admixture-Analyse durch das Südostasiatische Cluster dominiert werden (siehe Band 1, S. 142), zeigen sich alle typisierten japanischen Rassen im Neighbor-Joning als distinkte Verwandtschaftsgruppe, die auf der durchgängig vorhandenen japanischen Komponente basiert.

Mit den Tômaru und Koeyoshi stellen wir in dieser Reihe erstmals zwei der klassischen japanischen Langkräherrassen vor. Zudem präsentieren wir mit den Phönix eine europäische Zuchtvariante japanischer Langschwanzrassen.

Tômaru und Kuro-Kashiwa

Nach Aussagen verschiedener Experten hat der „Schwarze Kräher", wie die Rasse in Japan offiziell heißt, von allen Langkräherrassen die schönste und angenehmste Stimme. Das ist natürlich Geschmackssache, doch steht außer Frage, dass der sehr kräftige und ausgesprochen klare Ruf den Langkräher aus der zentral-japanischen Präfektur Nîgata zu zu den ganz besonderen Erscheinungen der japanischen Geflügelzucht macht.

Herkunft und Entstehung: In Japan geht man davon aus, dass die Vorfahren der Tômaru zu Beginn der Edo-Epoche, also Anfang des 17. Jahrhunderts, aus China eingeführt wurden. Diese im Vergleich zu heute weitaus größeren und farblich noch sehr variablen Tiere wurden als Ô-Tômaru (Große Tômaru) bezeichnet und dann bis ca. 1870 in Richtung des aktuellen, leichteren und vorwiegend schwarz gefärbten Typs selektiert. Weitgehend gestützt wird diese Annahme durch die Ergebnisse einer japanischen Studie (OSMAN et al. 2006), die den Tômaru und ihrer Schwesterrasse, den Kuro-Kashiwa, eine intermediäre Stellung zwischen

Rassen chinesischer Herkunft und einem Zweig verschiedener japanischer Kämpfer, dem auch die Koeyoshi angehören, bescheinigt. Sicherlich kein Zufall, denn auch die Koeyoshi sind Langkräher und sollen nach japanischer Überlieferung im Norden Japans aus Tômaru-Vorfahren und lokalen Kampfhuhn-Varianten entstanden sein.

1939 wurden die Tômaru in ihrem Heimatland zum Kulturdenkmal ernannt und werden seitdem vom Kultusministerium der Präfektur Nîgata gefördert. Es gibt sogar eine staatlich geförderte Zuchtstation, die eine Erhaltungszucht betreut und Tiere an Züchter abgibt.

Erscheinungsbild: Tômaru sind mittelgroße Hühner im eleganten Landhuhntyp mit fließenden Linien, leicht abfallender Haltung, gut mittelhoher Stellung, voller, ziemlich langer Befiederung und dunklen Läufen. Der Kamm, ein mittelgroßer Einfachkamm, ist genau wie die Kehllappen, Ohrscheiben und das Gesicht dunkelrot bis maulbeerfarbig. Neben den dominierenden Schwarzen gibt es im Heimatland sehr selten auch Weiße.

Krähruf: Der Krähruf der Tômaru-Hähne ist im Vergleich mit dem der Tôtenkô und Koeyoshi in der mittleren Tonlage einzustufen und dabei außerordentlich klar und melodisch. Er erstreckt sich im Allgemeinen über 10–15 Sekunden, kann in Einzelfällen jedoch auch deutlich länger sein. Er ist erst im Alter von einem Jahr vollständig ausgereift. Im Heimatland finden regelmäßig Wettbewerbe statt, wo Länge und Qualität der Krährufe bewertet werden.

Leistungseigenschaften: Die Hennen legen etwa 100–120 cremefarbige, mindestens 50 g schwere Eier. Sie sind keine guten Winterleger und beginnen meist erst Mitte bis Ende Februar mit dem Legen, zeigen dann aber über den Sommer hinweg eine gute Leistung.

(1) Tômaru sind alter japanischer Hühneradel und verkörpern eine sehr seltene Variante von Langkrähern, die fast in Vergessenheit geraten wäre.
(2) Aufgrund dunkler Pigmentflecken wirken die Hautpartien des Tômaru-Hahns zuweilen zweifarbig.
(3) Bei den Tômaru-Hennen fällt die dunkle Pigmientierung der Hautpartien noch stärker ins Gewicht als bei den Hähnen. Diese Zuchthenne lässt beinahe an ein Cemani-Huhn denken.
(4) Tômaru-Hähne zeigen eine intensive Grünlackung und werden zudem durch überlange Hauptsicheln sowie dunkel pigmentierte Zonen an den Hautpartien charakterisiert.

Wesenseigenschaften: Tômaru sind ruhige, gelassene, friedliche und zutrauliche Tiere, die leicht handzahm werden. Ihr Bewegungsdrang und ihre Agilität sind geringer als bei anderen Rassen vergleichbarer Form und Größe. Sie sind zwar grundsätzlich flugfähig, machen davon jedoch kaum Gebrauch.

Bruttrieb: Der Bruttrieb tritt bei etwa der Hälfte der Hennen in Erscheinung. Die Glucken sind gute Mütter und kümmern sich zuverlässig um die Küken.

Empfehlungen für Zucht und Haltung: Genau wie bei den Koeyoshi sollte dem Erhalt der positiven Wesenseigenschaften und des charakteristischen Krährufs oberste Priorität in der Erhaltungszucht zukommen. Gleichermaßen ist es notwendig, stets alle Junghähne aufzuziehen und so lange zu behalten, bis der Krähruf ausreichend beurteilt werden kann. Vereinfacht wird das durch den Umstand, dass die Hähne erst mit 7–8 Monaten geschlechtsreif werden und vorher kaum zur Aggression neigen. Da der Ausgangsbestand der Tômaru in Mitteleuropa nur sehr klein war, besteht bei ihnen die Gefahr eines schnellen Inzuchtzuwachses. Daher empfiehlt sich zum Erhalt der genetischen Variation der Einsatz möglichst vieler Vatertiere. Aufgrund ihres ruhigen Wesens und des geringes Aktionsradius ist auch eine Gartenhaltung kleiner Stämme möglich.

Kuro-Kashiwa: Die bereits genannten Kuro-Kashiwa haben denselben Ursprung wie die Tômaru und gehören mit Krähruflängen von bis zu 10 Sekunden ebenfalls den Rassen mit verlängertem Krähruf an, obwohl sie nicht zu den „klassischen" japanischen Langkrähern gezählt werden. Sie ähneln den Tômaru weitgehend, sind jedoch etwas leichter und schlanker mit stärker aufgerichtetem Körper und flacherer Haltung des noch volleren Schwanzgefieders. Sie unterscheiden sich sowohl genetisch (OSMAN et. al. 2006) als auch hinsichtlich ihrer Wesen- und Leistungseigenschaften kaum von ihrer Schwesterrasse. Auch das „Schwarze Huhn", wie es in seiner Heimat schlicht genannt wird, ist in Japan als Naturdenkmal anerkannt.

1

Koeyoshi

Koeyoshi zählen zweifellos zu den außergewöhnlichsten Hühnerrassen, denn sie präsentieren sich als einziger Langkräher im Gewand des malaioiden Kämpfers, und das, obwohl sie überhaupt kein kämpferisches Wesen haben.

Herkunft und Entstehung: Koeyoshi stammen aus den Präfekturen Akita, Aomori und Iwate im nördlichen Teil der japanischen Hauptinsel Honshu. Hier, wo die Rasse spätestens um 1850 sichtbar wird, nimmt man an, dass sie aus der Kombination von Shamo-Verwandten und den Vorfahren der Tômaru, den schwereren Ô-Tômaru, entstanden ist, was mittlerweile auch genetisch recht gut gestützt wird. So bilden die Koeyoshi nach OSMAN et al. (2006) eine Verwandtschaftsgruppe mit verschiedenen kleineren Kämpfer-Varianten, speziell den ebenfalls aus Akita und Aomori stammenden Kinpa, der als Schwestergruppe die Tômaru und Kuro-Kashiwa gegenüberstehen.

Die Admixture-Analyse im SYNBREED-Projekt lässt erwartungsgemäß einen dominierenden Anteil des Südostasiatischen Clusters erkennen, der mit 45 % jedoch geringer ist als bei den Shamo und Ko-Shamo (ca. 70 %). Stattdessen sind die beiden chinesischen Cluster mit knapp 30 % deutlich stär-

(1+3) Hahn und Henne erscheinen in der Silber-Wildfarbe recht unterschiedlich gefärbt, da bei der Henne Brauntöne überwiegen. (2) Koeyoshi-Henne im Kopfporträt. Man beachte die markanten Augenwülste, die eng ansitzenden Kehllappen sowie den dreireihigen Erbsenkamm.
(3) Koeyoshi stehen optisch stark im kämpferartigen Shamo-Typus, wie dieser Hahn eindrücklich zeigt.

ker ausgebildet als bei den Shamo-Varianten, wo sie nur ca. 10 % umfassen. Hier wird der Einfluss der Ô-Tômaru sichtbar, denen von japanischen Quellen übereinstimmend ein chinesischer Ursprung bescheinigt wird (siehe z. B. TAKAHASHI et al. 1998). Die übrigen 25 % des Genpools bildet das japanische Cluster als basale Komponente aller japanischen Rassen. Nach Deutschland wurden Koeyoshi 1993 eingeführt. Seitdem haben sie sich eine zwar kleine, aber engagierte Zuchtbasis erobert.

Erscheinungsbild: Äußerlich fällt sofort der kämpferartige Shamo-Typ ins Auge, der zunächst nicht auf einen Langkräher schließen lässt. Dazu passend tragen Koeyoshi einen Erbsenkamm, haben rote Ohrlappen und kräftige gelbe Läufe. Als Erbe ihrer Tômaru-Vorfahren zeigen sie eine volle, vergleichsweise lange Befiederung. Einziger Farbenschlag ist Silber-Wildfarbig. Hier kommt zur Wildfarbe e^+ noch der Silberfaktor (S) und der Eumelanin-Verstärker Melanotic (Ml) hinzu: e^+ Ml S.

Eine Besonderheit bei den Koeyoshi ist ihre Art zu mausern: Während Hähne der Wildhuhnarten nur während einiger Monate ein farbenprächtiges Balzkleid tragen und ansonsten vergleichsweise schlicht in einem Tarnkleid umherlaufen, tragen Haushähne (von der Mauserzeit abgesehen) das ganze Jahr hindurch ihr Prachtgefieder. Die Ursache dafür dürfte menschliche Zuchtwahl sein, denn Haushühner sollen möglichst das ganze Jahr hindurch reproduktionsfähig bleiben. Bei Koeyoshi-Hähnen findet eine solche Zwischenmauser noch in nahezu identischer Form wie bei Wildhühnern statt – eine von nur ganz wenigen Ausnahmen im gesamten Haushuhnbereich.

Krähruf: Der Krähruf der Koeyoshi-Hähne dauert im meist bis zu 15 Sekunden an, kann in Einzelfällen jedoch deutlich darüber liegen. Von allen Langkräherrassen haben die Koeyoshi den tiefsten Krähruf, der dabei aber sehr leise und außerordentlich melodisch ist. Im Heimatland finden traditionell Wettbewerbe statt, wo neben der Länge auch Stimmvolumen, Verlauf und Melodie bewertet werden.

Leistungseigenschaften: Koeyoshi sind streng saisonale Hühner, die vorwiegend im Frühjahr und Sommer 60–80 hellbraune, mindestens 45 g schwere Eier legen.

Wesenseigenschaften: Trotz ihres kämpferartigen Aussehens sind Koeyoshi sehr friedlich und verträglich. Es sind sehr ruhige, ausgeglichene und vertrauensselige Tiere, die keinen übermäßig großen Aktionsradius haben und nicht zum Fliegen neigen. Bei entsprechender Betreuung werden sie handzahm.

Bruttrieb: Ein Großteil der Hennen wird nach dem Legen von ca. 25 Eiern brütig. Sowohl Hahn als auch Henne kümmern sich zuverlässig um die Küken.

Empfehlungen für Zucht und Haltung: Die Bewahrung des einmaligen und charakteristischen Krähens sollte neben dem Erhalt der positiven Wesenseigenschaften oberste Priorität in der Erhaltungszucht genießen. Dazu ist es notwendig, stets alle Junghähne aufzuziehen und so lange zu behalten, bis das Kräh-Potenzial ausreichend beurteilt werden kann.

Da der Ausgangsbestand in Mitteleuropa nur sehr klein war, besteht eine erhöhte Gefahr von Inzuchtdepressionen. Daher sollten nur agile und vitale Tiere zur Zucht verwendet werden, die keinerlei Anzeichen von Beinschwäche, schlechter Entwicklung oder anderer Defizite zeigen. Zum Erhalt der genetischen Variation empfiehlt sich der Einsatz möglichst vieler Vatertiere. Die Zuchtstämme können wie auch bei vielen Kämpfern nur aus einem Paar bestehen und sollten nicht mehr als drei bis vier Tiere umfassen. Aufgrund ihres ruhigen Wesens und des geringes Aktionsradius ist trotz der Größe der Tiere eine Gartenhaltung kleiner Stämme durchaus möglich.

Phönix

Phönix repräsentieren die deutsche Zuchtrichtung der japanischen Onagadori, einer der weltweit imposantesten Langschwanzrassen (siehe Band 1, S. 142 ff.). Habituell zeigen sie die meisten Gemeinsamkeiten mit den auch in Mitteleuropa gezüchteten Tôtenkô.

Herkunft und Entstehung: Der Ursprung der Phönix geht auf vier Tiere (zwei Hähne und zwei Hennen) der Farben-

Ein silberhalsiger Zwerg-Phönix-Hahn.
Foto © Shutterstock/Eric Isse

(1) Auch die Phönix-Hennen haben stark verlängerte Schwanzfedern, wie hier gut zu sehen ist.
(2+3) Phönix sind der Inbegriff einer Zierrasse, die in erser Linie ihrer Schönheit wegen gezüchtet wird.
(4) Eine zuchttaugliche Phönix-Henne des Farbschlages Silberhalsig.
(5) Auch dieser silberhalsige Phönix-Hahn sieht zweifelsfrei sehr attraktiv aus.

schläge Goldhalsig, Silberhalsig und Gesperbert zurück, die 1878 von Osaka nach Hamburg importiert wurden und in ihren Merkmalen weitgehend den Onagadori entsprachen. Leider verstarb der silberhalsige Hahn kurze Zeit später und die kleine Population musste durch die Hinzunahme Altenglischer Kämpfer stabilisiert und an die mitteleuropäischen Klimaverhältnisse adaptiert werden.

Dieser Input spiegelt sich auch in der Admixture-Analyse wider, die den Phönix verschiedener Farbvarianten einen europäischen Anteil von gut 40 % ausweist, der in der Relation seiner Zusammensetzung (20 % Westeuropa, gut 15 % Osteuropa) recht genau die genetische Signatur der Altenglischen Kämpfer beschreibt. Der knapp 60 % umfassende asiatische Anteil besteht wider Erwarten nicht nur aus dem Japanischen Cluster, sondern beinhaltet auch deutliche südostasiatische und chinesische Anteile von in der Summe etwa 15 %. Ob diese bereits im Ursprungsbestand vorhanden waren oder die Folge späterer Einkreuzungen (z. B. von Yokohama) widerspiegeln, ist unklar.

Erscheinungsbild: Durch das überlange Hals-, Sattel- und Schwanzgefieder erscheinen Phönix überaus elegant, fasanenhaft und anmutig. Wie bei allen Langschwanzrassen zeigen auch die Hennen einen stark verlängerten Schwanz, der teilweise sogar Sichelbildung aufweist. Die Tiere haben einen mittelgroßen Einfachkamm, möglichst weiße Ohrscheiben und blaugraue Läufe.

Wie bei den Onagadori wächst das Schwanzgefieder der Hähne kontinuierlich, wird aber im Gegensatz zu diesen regelmäßig gemausert. Nach dem Modell von SASAKI & YAMAGUCHI (1970) haben die Phönix also das Allel Gt für das fortlaufende Schwanzwachstum, nicht jedoch das Allel mt, dass bei den Onagadori die Schwanzmauser unterdrückt (siehe Band 1, S. 144 f.). Die Qualität der Zuchthähne lässt sich also schon im ersten Lebensjahr beurteilen. Maximale Schwanzlängen liegen bei über 90 cm. Phönix werden in den Farbenschlägen Goldhalsig, Silberhalsig, Orangehalsig, Wildfarbig und Weiß gezüchtet. In England werden sie mit den Yokohama zusammengefasst, wobei man eine wulstkämminge und eine einfachkämmige Variante unterscheidet.

Leistungseigenschaften: Die Legeleistung wird im Allgemeinen mit 40–100 gelblich-weißen, mindestens 45 g schweren Eiern angegeben.

Wesenseigenschaften: Phönix sind zutrauliche, neugierige und aufmerksame Tiere, die bei entsprechender Betreuung leicht zahm werden. Obwohl sie teilweise von Kampfhühnern abstammen, sind sie nicht sonderlich aggressiv.

Bruttrieb: Der Bruttrieb ist stark ausgeprägt, wobei die Glucken als ausdauernde Muttertiere gelten. Sie führen die Kükenschar meist deutlich länger als andere Hühnerrassen.

Mit dem Pfau kann ein farbenprächtiger Phönix-Hahn des goldhalsigen Farbschlages in Punkto Schönheit durchaus mithalten.

Empfehlungen für Zucht und Haltung: Das lange Schwanzgefieder der Hähne erfordert möglichst trockene Ausläufe, die frei von Matsch sind und ausreichend hohe Sitzgelegenheiten zum Ruhen bieten. Im Stall sollten die Sitzstangen so hoch angebracht sein, dass die Schwanzfedern nicht bis auf den Boden reichen. In züchterischer Hinsicht bietet sich zur Minimierung der Inzucht ein Austausch zwischen den einzelnen Farbenschlägen an.

Zwergform: Die erste Verzwergung der Phönix begann bereits 1880 mithilfe von Altenglischen Zwerg-Kämpfern, doch sollte es bis 1898 dauern, bis Tiere aus dieser Zucht erstmals präsentiert wurden. Ebenso wie den Resultaten eines zweiten, 1907 begonnenen Versuches, fehlte ihnen die typische Eleganz, sodass die heutigen Bestände auf einen dritten Anlauf, basierend auf einem Hahn der Großrasse und zwei schlanken Landzwerghennen, zurückgehen. Hinzu kamen 1921 aus Japan importierte Ohiki, deren Eigenständigkeit als Rasse seinerzeit nicht erkannt wurde. Nach den Goldhalsigen und Wildfarbigen wurden sehr bald auch Weiße (mithilfe von Yokohama) sowie Silber- und Orangehalsige erzüchtet, bevor in den 1980er Jahren schließlich der schwarze Farbenschlag (unter dem Einfluss Deutscher Zwerghühner) hinzukam. Ihnen folgten als jüngste Variante die Blau-Goldhalsigen.

Zwerg-Phönix sind leichtfüßige und temperamentvolle Erscheinungen. Aufgrund ihrer Eleganz haben sie stets eine eingeschworene Fangemeinde für sich begeistern können. Sie sind friedlich und werden leicht zutraulich, können aber ausgesprochen gut fliegen und verwildern schnell, wenn sie bei freilaufender Haltung zu wenig Menschenkontakt haben. Die Legeleistung liegt zwischen 60 und 120 gelblichen, mindestens 25 g schweren Eiern. Auch sie haben einen gut ausgeprägten Bruttrieb.

(1+2) Kopfporträts eines weißen Mechelner-Hahns und eines perlgrau-gesperberten Zwerg-Mechelner-Hahns.

Rassen im Halbasiatischen Typ

Die Rassen dieses Typs entstanden ab der zweiten Hälfte des 19. Jahrhunderts in Europa und Amerika aus der Kombination schwerer asiatischer Hühner mit europäischen Landschlägen.

Die Rassen im sogenannten Halbasiatischen Typ gehören heute zu den weltweit häufigsten Hühnerrassen überhaupt. Und das sowohl in der Hobbyzucht als auch im kommerziellen Bereich, in dem sie die Hauptbasis der Braunleger und einen wichtigen Ahnenteil der Masthuhn-Linien bilden.

Mechelner

Ihre erste große Blütezeit erlebten die Mechelner während des Wechsels vom 19. zum 20. Jahrhundert, gerieten dann lange Zeit beinahe in Vergessenheit und erleben heute wieder eine regelrechte Renaissance. Dies sicher nicht ohne Grund, denn mit ihren guten Eigenschaften als Zweinutzungsrasse passen sie ideal zum aktuellen Selbstversorger-Trend und werden sogar wieder im kleineren Stil in der kommerziellen Hühnerfleischproduktion eingesetzt.

Die Zwerg-Mechelner sind eine noch vergleichsweise junge Neuzüchtung: Hier ein Hahn im Farbschlag Perlgrau-Gesperbert.

Herkunft und Entstehung: Mechelner entstanden Mitte des 19. Jahrhunderts im Umfeld der belgischen Stadt Mechelen aus Shanghais (Verwandten der Cochin), Brahma und lokalen Fleisch-

hühnern. Später kamen noch Croad-Langschan und Brügger Kämpfer hinzu. Eine erste Musterbeschreibung wurde 1891 erstellt.

Erscheinungsbild: Mechelner sind imposante, große und schwere Hühner mit einer breiten und tiefen Rechteckform. Die Befiederung ist mittellang und dicht, sitzt jedoch relativ locker. Das Schwanzgefieder beim Hahn ist kompakt anliegend. Der Einfachkamm ist mittelgroß und tritt in Kombination mit roten Ohrscheiben und orangeroten Augen auf. Die Läufe sind fleischfarbig und an den Außenseiten mäßig stark befiedert, die Zehen möglichst nur halb von Federn bedeckt.

Während in Deutschland nur die traditionell häufigsten Gesperberten und die deutlich selteneren Weißen anerkannt sind, kennt man im Heimatland noch weitere Farbvarianten. Zudem kommt die Rasse dort auch mit Erbsenkamm (als Erbe der Brügger Kämpfer) vor und wird dann als Mechelner Putenkopf bezeichnet. Aufgrund der helleren Zeichnung gesperberter Hähne ist das Geschlecht der Küken schon ab dem ersten Lebenstag relativ sicher bestimmbar.

Leistungseigenschaften: Als ausgesprochenes Zweinutzungshuhn können Mechelner sowohl mit ihrer Legeleistung punkten, die je nach Zuchtlinie zwischen 110 und 190 cremefarbigen, 55–60 g schweren Eiern variiert, als auch mit ihren Qualitäten als Tafelhuhn. Ihr Fleisch gilt unter Gourmets als besonders zart und aromatisch. International sind die Mechelner als „Coucou de Malines" bekannt und unter dieser Bezeichnung wird auch ihr Qualitätsfleisch mit hohen Absatzpreisen vermarktet. Eine durchaus vergleichbare Situation wie bei den berühmten französischen Bressehühnern.

Wesenseigenschaften: Mechelner sind ausgesprochen ruhige Hühner, die nicht fliegen und leicht Vertrauen fassen. Charakterlich sind sie daher eine der angenehmsten Rassen für den Einstieg in die Hühnerhaltung zur Selbstversorgung.

Bruttrieb: Der Bruttrieb ist durchaus vorhanden und kommt sowohl bei den Gesperberten als auch den Weißen oft erst ab dem zweiten Lebensjahr zum Vorschein. Die Glucken sind gute Muttertiere, die aller Erfahrung nach verlässlich brüten und ihre Küken mit Ruhe und Gelassenheit führen.

Empfehlungen für Zucht und Haltung: Aufgrund ihres gelassenen, ruhigen und zutraulichen Wesens sind Mechelner weitgehend unproblematisch und anspruchslos in der Haltung. Wie bei anderen ursprünglich zu Mastzwecken gezüchteten Rassen (vgl. Sundheimer) besteht jedoch die Gefahr des Verfettens bei zu reichlicher Fütterung,

(1) Typischer Mechelner-Hahn mit breitem und tiefem Körperbau.
(2) Im Vergleich zum Hahn ist die Mechelner-Henne deutlich gröber gesperbert.
(3) Eine Mechelner-Henne des seltenen weißen Farbschlages.

speziell wenn sie primär mit Kohlenhydraten vorgenommen wird. Daher sollte man ausgewogen und nicht übermäßig füttern sowie für viel Bewegung im Auslauf sorgen. Die befiederten Läufe sollten regelmäßig auf das Vorhandensein von Kalkbeinmilben überprüft werden.

Zwergform: Zwerg-Mechelner sind eine relativ junge Züchtung, die erst in den 1990er Jahren in Belgien und Deutschland begonnen und 2003 anerkannt wurde. Als Basis dienten Bielefelder Zwerg-Kennhühner und Zwerg-Breda. Erfreulicherweise forciert der betreuende Verein aktuell eine Hinzunahme geeigneter Tiere der Großrasse, um die genetische Anbindung an das Original zu bewirken. Als Verzwergung der ausgesprochen großrahmigen Mechelner gehören sie zu den größten Zwerghuhnrassen und erreichen so bereits das Niveau leichter Großrassen. Sie werden in Gesperbert und Perlgau-Gesperbert gezüchtet und entsprechen in ihren Eigenschaften weitgehend der Großform. Die Legeleistung wird im Standard mit 130 cremefarbigen, mindestens 45 g schweren Eiern angegeben.

Deutsche Lachshühner und Faverolles

Die Wurzeln des Deutschen Lachshuhns liegen, anders als sein Name vermuten lässt, nicht etwa in Deutschland, sondern im benachbarten Frankreich. Lachshühner sind direkte Nachfahren der „Faverolles", schwergewichtiger französischer Tafelhühner, die für ihre vorzügliche Fleischqualität von Gourmets allseits geschätzt werden.

In der Schweiz wird die deutsche Zuchtrichtung des Lachshuhns unter dem Namen Faverolles gezüchtet. Hier ein vielversprechender Junghahn.

1

2

Herkunft und Entstehung: Faverolles stammen aus dem ehemaligen Département Seine et Oise im nördlichen Frankreich, wo sie Mitte des 19. Jahrhunderts zu Mastzwecken aus der Kreuzung von Brahma, silber-wildfarbigen Dorking und Houdan hervorgegangen sind und erstmals 1866 präsentiert wurden. Nach Deutschland gelangten sie Anfang der 1890er Jahre, wo durch die Einkreuzung von Dorking und bunten Sussex eine eigene Zuchtrichtung etabliert wurde, die abweichend von den silber-weizenfarbigen Faverolles deutlich mehr Rotanteile zeigte und daher den Namen Lachshuhn erhielt.

Die Admixture-Analyse charakterisiert sie erwartungsgemäß als Rasse gemischter Herkunft, wobei der asiatische Anteil leicht überwiegt. Seine Zusammensetzung mit einer stark dominierenden chinesischen Komponente spiegelt das Erbe der Brahma wider, während der europäische Anteil vergleichsweise hohe Werte sowohl für das Ost- als auch das Westeuropäische Cluster (15 bzw. knapp 25 %) aufweist und so die Dorking- und Houdan-Vorfahren erkennen lässt.

Erscheinungsbild: Lachshühner sind relativ schwere Hühner mit rechteckigem Körperbau, befiederten Läufen, Kehle und Backen bedeckendem Bart, Einfachkamm und fleischfabigen, fünfzehigen Läufen. Während die Laufbefiederung von den Brahma herrührt und der Bart ein Erbe der Houdan ist, wurde die Fünfzehigkeit sowohl von diesen als auch den Dorking beigesteuert. Ursprünglichster und namengebender Farbenschlag ist das farbenfrohe Lachsfarbig. Es basiert auf der Silber-Weizenfarbe (e^{wh} S bzw. e^{y} S), ergänzt durch den Phaeomelanin-Verstärker Mahogany (Mh), der von den bunten (braun-porzellanfarbigen) Sussex eingebracht wurde.

Der lachsfarbige Hahn präsentiert ein Federkleid, dessen Faszination auf dem Kontrast von schwarzem Bart, silbernem Halsbehang mit rotbraunem Krausenfleck, sattem Kupferrot auf Rücken und Flügeldecken und dem glänzenden Dunkelgrün des Schwanzgefieders beruht. Die aufgrund der Weizenfarbe stark aufgehellte Henne zeigt hauptsächlich beige und silberne Farbtöne mit etwas Schwarz an den Schwanzspitzen und Schwingen. Lachsfarbige Küken sind anfangs in beiden Geschlechtern hell strohgelb, doch schon mit Beginn der Befiederung werden die Hahnenküken deutlich dunkler als ihre Schwestern. Während die Flügelspitzen der Hähne schwarz sind, werden die der Hennen bräunlich-weiß. So können die Geschlechter bereits nach zwei Wochen recht einfach unterschieden werden.

Als weitere Farbenschläge kamen in den 1920er Jahren Weiß und in den 1970er Jahren Weiß-Schwarzcolumbia (über Sundheimer) hinzu. In jüngerer Zeit wurde die Farbschlagpalette durch Blau-Lachsfarbig ergänzt.

(1) Eine Zuchtgruppe lachsfarbiger Deutscher Zwerg-Lachshühner.
(2) Im Gegensatz zu ihren Hennen zeigen die Hähne beim Deutschen Lachshuhn auch viel Schwarz in der Farbgebung. Auch der Bart sollte bei Hähnen immer schwarz sein.
(3) Eine typvolle Deutsche Zwerg-Lachshenne.
(4) Trotz ihres Namens werden Lachshühner nicht nur in Lachsfarbig, sondern auch in Weiß gezüchtet.
(5) Halbwüchsige Lachshennen im Alter von 12 Wochen.

Leistungseigenschaften: Die Hennen der führenden Lachsfarbigen legen jährlich 120–160 hellgelbe bis braune, mindestens 55 g schwere Eier. Für die übrigen Farbenschläge liegen keine Angaben vor. Generell gelten Lachshühner als gute Winterleger, die sich auch sehr gut als Zweinutzungshühner für Selbstversorger eignen.

Wesenseigenschaften: Deutsche Lachshühner sind sehr friedliche, gutmütige und zutrauliche Tiere, die nicht gleich bei jeder Störung panisch reagieren und sich auch für den Umgang mit Kindern eignen. Eine Haltung von mehreren Hähnen in einer Gruppe ist durchaus möglich. Sie sind anspruchslos, Nichtflieger und haben keinen übermäßigen Aktionsradius.

Bruttrieb: Der Bruttrieb ist nur schwach ausgeprägt und tritt lediglich in Einzelfällen in Erscheinung.

Empfehlungen für Zucht und Haltung: Lachshühner eignen sich ausgesprochen gut als Gartenhühner. Besonders in kleinen Gehegen sollte jedoch vergleichsweise knapp gefüttert werden, da die gemächlichen Tiere ansonsten leicht verfetten. Auch sollte man stets darauf achten, dass die Bärte sauber bleiben. Klebriges sowie mehliges Futter ist daher eher ungünstig. Im Winter kann es zu Problemen kommen, wenn die Bärte beim Trinken nass werden und einfrieren. Am besten werden ausschließlich handelsübliche Tränken verwendet.

Es gibt vermehrte Hinweise, dass die Eier sehr empfindlich gegenüber zu hohen Bruttemperaturen sind. Es empfiehlst sich daher, die Bruttemperatur um 0,2 °C auf 37,6 °C zu senken. Die Brutdauer verlängert sich dadurch um etwa einen Tag auf im Mittel 22 Tage.

Zwergform: Deutsche Zwerg-Lachshühner wurden in den 1920er Jahren in Deutschland aus der Großrasse, bärtigen Federfüßigen Zwerghühnern und Zwerg-Brahma in Weiß-Schwarzcolumbia zunächst im Hauptfarbenschlag erzüchtet. Später kamen noch die Varianten Weiß, Weiß-Schwarzcolumbia, Schwarz und Blau-Lachsfarbig hinzu.

Die Lachsfarbigen legen wie die Großrasse etwa 120–160 gelbliche Eier, die mindestens 40 g wiegen sollen. Die Leistung der Schwarzen und Columbia-Farbenen kann vergleichbar eingeordnet werden, während die der Weißen und Blau-Lachsfarbigen etwas geringere Werte aufweist. Auch bei der Zwergform ist der Bruttrieb eher gering ausgebildet. Die Verzwergung der Faverolles wurde in England vorgenommen. Ihre Zeichnung wird zwar auch dort als lachsfarbig bezeichnet, entspricht jedoch eher der klassischen Weizenfarbe. Zusätzliche Farbenschläge sind Schwarz, Blau-Gesäumt, Gelb, Gesperbert und Weiß-Schwarzcolumbia.

Sundheimer

Das Sundheimer-Huhn, die einzige in Baden-Württemberg entstanden Hühnerrasse, hat in den letzten Jahren insbesondere in Selbstversorger-Kreisen einen regen Aufschwung erlebt. Die relativ schwere Rasse wurde seit jeher gleichermaßen als Eier- und Fleischlieferant gezüchtet und gilt sogar als Deutschlands ältestes Zweinutzungshuhn.

Herkunft und Entstehung: Die Entwicklung der Sundheimer vollzog sich über mehrere Jahrzehnte und begann in der zweiten Hälfte des 19. Jahrhunderts, als Brahma, Dorking und die sogenannten „Wanzenauer", eine Kreuzung aus Houdan und Faverolles, in schwere, bereits auf Fleischnutzung ausgerichtete Hühner des nahe Straßburg gelegenen Hanauerlandes eingekreuzt wurden. Koordiniert wurden die Bestrebungen, ein leicht mästbares und schnellwüchsiges Huhn speziell für den regionalen Markt zu schaffen mit der Gründung eines eigenen Zuchtverbandes 1886. Zu dieser Zeit bestand noch keine Einheitlichkeit hinsichtlich Farbe, Kammform, Anzahl der Zehen und Vorhandensein eines Bartes, auch kamen bis 1905 noch Sussex und Wyandotten, jeweils in Weiß-Schwarzcolumbia, hinzu. Erst nach dem ersten Weltkrieg, mit stärkerer Fokussierung auf die Legeleistung, wurde der heutige Typ herausgezüchtet.

Sundheimer zeigen in der Clusteranalyse einen europäischen Anteil von etwa 30 %, der sich gleichmäßig auf die Ost- und Westeuropäische Komponente verteilt und daher als Erbe der Dorking und Houdan zu werten ist. Der übrige Teil des Genpools ist ostasiatischer Herkunft, wobei das chinesische Cluster mit 60 % deutlich dominiert und so den starken Einfluss der Brahma dokumentiert.

Erscheinungsbild: Sundheimer sind mittelgroße, kräftige Hühner mit waagerechter Haltung, breitem und tiefem Körper sowie voller, mittellanger Befiederung. Sie haben einen Einfachkamm, rote Ohrlappen und fleischfarbige Läufe, die als Erbe ihrer Brahma-Vorfahren befiedert sind. Einziger Farbenschlag ist Weiß-Schwarzcolumbia. Er wurde früher auch als „Hermelin" bezeichnet, weil hier schwarze Akzente an Hals, Schwanzfedern und Flügelspitzen in Kombination mit einer weißen Grundfarbe auftreten. Auch das ist ein Erbe der Brahma.

Leistungseigenschaften: Die Hennen legen zwischen 140 und 180 hell- bis dunkelbraune, teils punktierte und mindestens 55 g schwere Eier. Sie

(1) Sundheimer sind ruhige Zeitgenossen, die sich bei freilaufender Haltung zumeist als recht standorttreu erweisen. Oft können mehrere Hähne zusammen gehalten werden.
(2) Kopfstudie eines Sundheimer-Hahns.
(3) Sundheimer haben fleischfarbene Läufe und eine deutlich sichtbare, nach Außen gerichtete Fußbefiederung, die jedoch nicht zu ausladend ausfallen soll.
(4) Die einzige zugelassene Farbgebung beim Sundheimerhuhn ist der Farbschlag Weiß-Schwarzcolumbia.

können über 3–4 Jahre hinweg eine hohe Leistung erbringen. Die Fleischzunahme ist im Vergleich zu modernen Masthühnern zwar langsam, dafür hat das Fleisch, wie Gourmets regelmäßig berichten, aber eine hervorragende Qualität.

Wesenseigenschaften: Sundheimer sind aufgrund ihres sanften und ruhigen Charakters liebenswerte Gartenhühner, die zurecht auch in der tiergestützten Therapie zum Einsatz kommen. Sie fliegen nicht, werden schnell zahm und neigen kaum zu hektischen Bewegungen.

Bruttrieb: Ältere Hennen schreiten regelmäßig zur Brut und sind dann gelassene Glucken, die ihre Ruhe auf den Nachwuchs übertragen.

Empfehlungen für Zucht und Haltung: Wie bereits zuvor beschrieben, sind Sundheimer aufgrund ihres ruhigen und zutraulichen Charakters sehr gut für eine Gartenhaltung geeignet. Sie neigen aber leicht zum Verfetten. Daher sollte man nicht zu ausgiebig füttern und für Abwechslung auf dem Menüplan sowie für viel Bewegung im Auslauf sorgen. Etwas Aufmerksamkeit gilt auch der Fußbefiederung, denn wie bei allen Rassen mit befiederten Läufen verschmutzt sie nicht nur leicht, sondern ist auch anfällig für den Befall von Kalkbeinmilben.

Zwergform: Eine erste Verzwergung der Sundheimer auf Basis der Großrasse und Zwerg-Sussex erfolgte bereits in den späten 1930er Jahren. Und obwohl sie den Zweiten Weltkrieg überlebten, verschwanden sie zu Beginn der 1960er Jahre mit dem Tod ihrer Züchter. Langfristig erfolgreich war dann ein zweiter Versuch, der in den 1980er Jahren abgeschlossen wurde und neben der Großrasse Zwerg-Sussex, Zwerg-Cochin und Deutsche Zwerg-Lachshühner beinhaltete. Zwerg-Sundheimer entsprechen in ihren Eigenschaften weitgehend der Großrasse und legen zwischen 120 und 150 bräunliche, teils punktierte und mindestens 45 g schwere Eier.

Barnevelder

Dieses Huhn aus dem niederländischen Ort Barneveld ist zweifelsfrei ein Paradebeispiel für Hühnerzucht auf höchstem Niveau. Ausgewogenen Nutzeigenschaften, in Kombination mit dem optisch sehr ansprechenden Zeichnungsbild der Doppelsäumung, bescheren den Barneveldern weltweit viele Fans.

Herkunft und Entstehung: Die Anfänge der Rasse datieren in die zweite Hälfte des 19. Jahrhunderts. Damals waren besonders in England große, braune Eier gefragt und so kreuzten nordholländische Züchter nach und nach Rassen asiatischer Herkunft wie Croad Langschan, Cochin, Brahma, Orpington, Rhodeländer oder Wyandotten in ihre lokalen Bestände ein und selektierten auf das gewünschte Zuchtziel. Ob die Doppelsäumung das Erbe Indischer Kämpfer ist, deren fasanenbraune Zeichnung sowohl genetisch als auch habituell dieselben Grundlagen hat, oder auf der Kombination rebhuhnfarbig-gebänderter Brahma mit gesäumten Wyandotten beruht, ist nicht dokumentiert. Eine gezielte Zucht und Festigung der heutigen Merkmale erfolgte ab 1920, als ein erster Zuchtverband gegründet wurde. 1922/23 kamen die ersten Tiere nach Deutschland.

Erscheinungsbild: Barnevelder haben einen breit gestellten Körperbau mit tiefem Rumpf und dazu eine leicht ansteigende Rückenlinie, was von der Seite betrachtet sehr harmonisch aussieht. Es sind gut mittelgroße Hühner mit voller, mittellanger Befiederung, Einfachkamm, roten Ohrlappen und gelben Läufen. Ursprünglichster und nach wie vor deutlich häufigster Farbenschlag ist Braun-Schwarzdoppeltgesäumt. Schwarze waren in den noch sehr heterogenen Ersteinfuhren nach Deutschland bereits vorhanden und wurden später hier gefestigt. Danach kamen noch Weiße, Dunkelbraune, Blaue, Braun-Blaudoppeltgesäumte und Silber-Schwarzdoppeltgesäumte hinzu. Die Doppelsäumung basiert genetisch auf der Bänderung, wie sie z. B. auch bei den Brahma vorliegt (e^b Pg), doch kommt hier als weiterer Faktor noch der Eumelanin-Verstärker Melanotic (Ml) hinzu (e^b Pg Ml). Bei zusätzlichem Vorhandensein des Columbia-Faktors (Co) würde das Zeichnungsbild der gesäumten Wyandotten (e^b Pg Ml Co) entstehen, sodass die Doppelsäumung als eine Art „Zwischenstellung" zwischen Bänderung und Säumung aufzufassen ist. Die kontrastreiche Zeichnung hat dazu geführt, dass diese Hühner in manchen Ländern auch als „Batik-Hühner" bezeichnet werden, in Anlehnung an das Batikmuster. Grundlage der Dunkelbraunen ist die Columbiazeichnung in Kombination mit dem Goldfaktor (s^+) und dem Phaeomelanin-Verstärker Mahogany (Mh), der das dunkel kastanienbraune Mantelgefieder hervorruft (e^b Co Mh s^+).

Leistungseigenschaften: Da Barnevelder wie auch viele andere ehemalige Wirtschaftsrassen nach Etablierung der Hybridlinien ihre maßgebliche Nische in der Ausstellungszucht gefunden haben,

(1+2) Zwerg-Barnevelder in Braun-Schwarzdoppeltgesäumt.
(3) Hahn und Henne in Silber-Schwarzdoppeltgesäumt.
(4) Barnevelder-Küken im Farbschlag Silber-Schwarzdoppeltgesäumt zeigen ein abwechslungsreiches Streifen- und Sprenkelmuster.
(5) Dr. Mareike Fellmin vom Wissenschaftlichen Geflügelhof des BDRG mit einer Zuchtgruppe braun-schwarzdoppeltgesäumter Barnevelder.

werden die früheren Leistungen heute nicht mehr erreicht. Die Braun-Schwarzdoppeltgesäumten legen nach Angaben des BDRG-Zuchtbuches zwischen 110 und 160 dunkelbraune Eier mit einem Gewicht von mindestens 60 g, teilweise sogar bis zu 70 g, die manchmal an die „Schokoeier" der Marans erinnern. Etwas besser legen die Weißen und Dunkelbrauen mit 180–200 Eiern, sicherlich bedingt durch diverse Einkreuzungen bei ihrer Entstehung. Da die Barnevelder die BDRG-Rasse des Jahres 2023 sind, wird auch ihre Legeleistung im Wissenschaftlichen Geflügelhof in Rommerskirchen (NRW) derzeit überprüft. Es dürften also schon bald topaktuelle Daten vorliegen.

Wesenseigenschaften: Neben Schönheit und Nutzen dürfte auch der angenehme Charakter der Barnevelder zu ihrer Verbreitung beigetragen haben. Sie werden leicht zahm, neigen wenig zum Fliegen und lassen sich gut delegieren, wenn man sie frei laufen lässt. In freilaufender Haltung erweisen sie sich immer wieder als auffallend standorttreu. Nicht zuletzt deshalb sind Barnevelder heute nicht nur in Europa, sondern auch insbesondere in den USA als Gartenhühner beliebt.

Bruttrieb: Der Bruttrieb ist recht gering ausgeprägt und nur bei älteren Hennen in Ausnahmefällen zu beobachten. Wenn sie brütig werden, sind sie aber sehr gute Mütter, die es aufgrund ihrer Größe auch schaffen, Gruppen von 10–15 Küken auszubrüten und aufzuziehen.

Empfehlungen für Zucht und Haltung: Da Barnevelder hinsichtlich Aufzucht, Handling und Wesen weitgehend unproblematisch sind, stellen sie auch keine besonderen Ansprüche an Stall und Haltung. Hohe Umzäunungen sind nicht vonnöten. Bei der Zucht sollte speziell bei den Braun-Schwarzdoppeltgesäumten wieder mehr Wert auf Legeleistung gelegt werden.

Zwergform: Zwerg-Barnevelder im Hauptfarbenschlag wurden bereits in den 1920er Jahren in Deutschland aus der Großrasse, Zwerg-Rhodeländern, Deutschen Zwerg-Langschan, gold-schwarzgesäumten Zwerg-Wyandotten und fasanenbrauen Indischen Zwerg-Kämpfern kreiert. Ab den 1950er Jahren folgten dann Schwarze und Weiße (jeweils mithilfe von Zwerg-Wyandotten), Dunkelbraune, Kennfarbige, Braun-Blaudoppeltgesäumte und Silber-Schwarzdoppeltgesäumte. Sie legen zwischen 110 und 160 braunschalige Eier mit einem Mindestgewicht von 40 g. Bezüglich ihrer Wesenseigenschaften entsprechen sie weitgehend der Großrasse. Ihr Bruttrieb ist stärker ausgebildet, sodass immer wieder brütende Hennen auftreten.

Welsumer

Welsumer sind ein klassisches Beispiel für eine Hühnerrasse, bei der die Zwergform um ein Vielfaches beliebter ist als das Original. Eine vergleichbare Situation wie bei den Wyandotten aus Band 1 also, mit denen sie als weitere Gemeinsamkeit den Umstand teilen, dass ihre Zwergformen zu den häufigsten Rassen in Mitteleuropa zählen.

Herkunft und Entstehung: Welsumer sind Anfang des 20. Jahrhunderts durch die Zusammenarbeit niederländischer Züchter entstanden, die überwiegend aus den beiden Orten Epe und Olst-Wijhe, zu dem auch der Ortsteil Welsum gehört, stammten. Zuchtziel war ein ruhiges, leistungsstarkes Braunleger-Huhn für die Freilaufhaltung. Die Grundlage bildete ein Gemisch aus heimischen Landhühnern, Orpington, Cochin, Dorking, Faverolles, Wyandotten, Brahma und Italienern, das sukzessive in die gewünschte Richtung selektiert wurde. Dabei etablierte sich eine vergleichsweise ursprüngliche Farbgebung, die im Auslauf für gute eine Tarnung sorgt. Heute sind Welsumer eine weltberühmte Rasse, die selbst in den USA viele Fans hat. Dort werden sie nicht nur wegen ihrer guten Nutzeigenschaften gehalten, sondern von manchen Hühnerzüchtern auch als sogenannte „No-nonsens-chicken“ geschätzt, womit Hühner gemeint sind, die frei von jeglichen Spezialmerkmalen wie Federhauben, Bärten, Kaulschwänzen oder Fußbefiederung sind.

Erscheinungsbild: Welsumer sind mittelschwere, walzenförmige und gestreckte Hühner mit vollem Bauch, waagerechter Haltung und mittellanger, dichter Befiederung. Sie tragen einen Einfachkamm, haben rote Ohrlappen und gelbe Läufe. Ältester und häufigster Farbenschlag ist Rost-Rebhuhnfarbig, eine Variante der Wildfarbe ($e^+ s^+$). Die braun getupfte Brustzeichnung des Hahns resultiert aus der Dreiteilung der Feder, die am Grund grauschwarz, in der Mitte mattbraun und an der Spitze mit einem schwarzen Tupfen versehen ist. Später wurde diese Zeichnungsform auch auf andere Farbbilder übertragen, wobei die Farbenschläge Orangefarbig ($e^+ s^+$ ig), Perlgrau-Orangefarbig ($e^+ s^+$ lav) und Silberfarbig (e^+ S) entstanden sind.

Leistungseigenschaften: Heutige Welsumer legen 130–150 dunkelbraune, z. T. dunkel getüpfelte, mindestens 65 g schwere Eier.

Wesenseigenschaften: Welsumer sind zwar lebhaft, aber dennoch gelassen und von ruhigem, friedlichem Charakter. Bei intensiver Betreuung können sie handzahm werden. Sie gelten als robust, genügsam und gute Futtersucher. Sie sind beweglich und über kürzere Strecken durchaus flugfähig.

(1) Rost-Rebhuhnfarbige Zwerg-Welsumer-Hennen sind dank verschiedener Brauntöne im Auslauf stets gut getarnt.
(2) Zuchstamm großer Welsumer im seltenen Farbschlag Orangehalsig.
(3) Im orangefarbigen Farbschlag hat der Zwerg-Welsumer-Hahn eine enorme Leuchtkraft.
(4) Dieser rost-rebhuhnfarbige Zwerg-Welsumer-Hahn brüstet sich vor einer Bronzepute auf. Puten können im Hühnergehege unter passenden Voraussetzungen als Bodyguards für die deutlich kleineren Hühner fungieren.
(5) Ein Zwerg-Welsumer-Hahn in Silberfarbig.

Bruttrieb: Der Bruttrieb ist nur gering ausgeprägt.

Empfehlungen für Zucht und Haltung: Bedingt durch ihre Robustheit und Genügsamkeit stellen Welsumer keine besonderen Ansprüche an Haltung und Stall. Sie sind sehr gut für den Freilauf geeignet, können jedoch auch im Garten gehalten werden, sofern die Gruppen nicht zu groß sind. Die Zäune sollten jedoch nicht zu niedrig sein.

Zwergform: Zwerg-Welsumer entstammen der Zufallsverpaarung eines Welsumerhahns mit Zwerg-Rhodeländerhennen in einer thüringischen Zucht zu Beginn der 1930er Jahre. Hennen dieser Nachzucht wurden dann mit einen „rebhuhnfarbigen deutschen Zwerghahn" verpaart, wobei unklar bleibt, ob es sich wirklich um einen Vertreter besagter Rasse oder einen heimischen Landzwerg handelte. Später kamen dann nochmals Zwerg-Rhodeländer, diesmal ein Hahn, und eine Henne der Großrasse hinzu, bevor das Ziel 1937 schließlich erreicht war. Neben den Rostrebhuhnfarbigen werden mittlerweile auch Orangefarbige, Silberfarbige und Blau-Rostrebhuhnfarbige gezüchtet. Ebenso wie die Großform legen auch Zwerg-Welsumer außerordentlich große, dunkelbraune Eier, die mit einem Gewicht von etwa 50 g zu den größten bei den verzwergten Rassen gehören. Die Legeleistung der Rostrebhuhnfarbigen liegt zwischen 130 und 140, die der Orangefarbigen und Silberfarbigen zwischen 150 und 160 Eiern. Bezüglich ihrer Wesenseigenschaften entsprechen Zwerg-Welsumer weitgehend der Großform, sind jedoch im Verhalten aufmerksamer und durch ihre geringere Größe deutlich leichtfüßiger und agiler. Auch sie brüten eher selten. Zwerg-Welsumer sind nach den Zuchttierbestandserfassungen des BDRG die zweithäufigste Hühnerrasse, die in der Anzahl der Züchter und Zuchttiere nur noch von den Zwerg-Wyandotten übertroffen wird. Ca. 75 % davon machen die Rost-Rebhuhnfarbigen aus.

Australorps

(1+2) Mit diesem Australorps-Zuchtstamm, bestehend aus schwarzen Hennen und einem splashfarbigem Hahn, können spalterbig blaue Tiere gezüchtet werden.
(3+5) So sieht ein Gewinner-Hahn der Großrasse bei den Australorps aus: Überwältigender Grünlack, gepaart mit einer üppigen Befiederung und einem perfekt gezackten Kamm.
(4) Ein blauer Australorps-Hahn mit auffallend dunklem Kragengefieder.

Australorps, neben den Australischen Kämpfern die einzige bekannte Rasse des fünften Kontinents, haben sich seit den 1920er Jahren weltweit einen großen Züchter- und Liebhaberkreis erobert. Mittlerweile gehören sie sogar zu den häufigsten Rassen überhaupt.

Herkunft und Entstehung: Die Zuchtgeschichte der Australorps beginnt Ende des 19. Jahrhunderts, als englische und amerikanische Hühnerrassen in größerem Stil nach Australien exportiert wurden, um die dortige Hühnerzucht zu verbessern. Darunter waren insbesondere schwarze Orpington aus England, die seinerzeit als vorzügliche Legerasse galten. Zur weiteren Steigerung der Legeleistung und besseren Anpassung der ursprünglich dicht befiederten Orpington an das heiße australische Wüstenklima wurden Rhode Island Red, Minorka, weiße Leghorn, Langschan und in geringem Umfang Plymouth Rocks eingekreuzt. Diese Mischung erwies sich als außerordentlich gelungen und legte den Grundstein für die heutigen Zuchtform, zunächst unter dem Namen „Australian Laying Orpington", später dann zusammengefasst als Australorps. Mitte der 1920er Jahre erfolgten Importe in die USA, 1950 dann auch nach Deutschland. Hier wurde aus dem leistungsstarken, aber noch unausgeglichenen Bestand mithilfe weiterer Einkreuzungen (Rheinländer, Deutsche Langschan, Barnevelder, New Hamsphire) der wohlproportionierte, voll befiederte Typ mit intensivem Grünglanz hervorgebracht, wie er heute in Mitteleuropa Standard ist.

Erscheinungsbild: Australorps sind gut mittelgroße Hühner mit kräftigem, gut gerundetem Körper, sehr voller, breiter und mittellanger Befiederung, Einfachkamm, dunklen „Knopfaugen" und roten Ohrlappen. Die Lauffarbe variiert je nach Farbenschlag von schwarz bis dunkelblau. Zu den ursprünglichen und mit Abstand häufigsten Schwarzen kamen in Deutschland zu Beginn der 1980er Jahre die Weißen und kurz darauf die Blau-Gesäumten hinzu.

Leistungseigenschaften: Mit einer konstanten Leistung von 170–200 hellbraunen, mindestens 55 g schweren Eiern gehören die schwarzen Australorps zu den besten Legehühnern im nichtkommerziellen Bereich. Die Weißen erreichen zwar auch diese Spitzenwerte, sind jedoch in ihrer Leistung weniger konstant. Außerdem sind die Tiere sehr langlebig und erbringen über viele Jahre hohe Leistungen.

Wesenseigenschaften: Australorps sind ruhige, friedliche und charakterlich sehr ausgeglichene Hühner, die bereitwillig Vertrauen zu ihren Haltern aufbauen und sich auch gerne anfassen lassen. Wachsen die Hähne gemeinsam auf, können sie im Normalfall auch als adulte Tiere zusammen gehalten werden. Trotz ihres ruhigen Wesens sind sie aktiv, beweglich, robust und gute Futtersucher, die

überwiegend im Umfeld ihres Stalles bleiben. Als Jungtiere sind sie durchaus flugfähig, was mit zunehmendem Alter und entsprechender Gewichtszunahme aber deutlich nachlässt.

Bruttrieb: Obwohl Australorps eine leistungsstarke Wirtschaftsrasse sind, kann es gelegentlich vorkommen, dass Hennen zur Brut schreiten. Sie sind dann gute und fürsorgliche Mütter.

Empfehlungen für Zucht und Haltung: Durch ihr freundliches, unproblematisches Wesen und ihre Anspruchslosigkeit eignen sich Australorps besonders für Anfänger in der Hühnerhaltung und -zucht. Spezielle Anforderungen an Stall und Auslauf stellen die robusten Hühner nicht. Hohe Umzäunungen sind zumindest bei ausgewachsenen Tieren nicht notwendig. Da die Hennen leicht zum Verfetten neigen, sollten sie diesbezüglich regelmäßig überprüft und die Fütterung entsprechend angepasst werden.

Zwergform: Bereits kurz nachdem die Großrasse in Deutschland etabliert wurde, begannen hier in den 1950er Jahren gleich mehrere Zuchten mit der Verzwergung. Dabei kamen neben der Großform Zwerg-Orpington, Deutsche Zwerg-Langschan, Zwerg-Barnevelder, Zwerg-Wyandotten und vermutlich auch Zwerg-Rhodeländer zum Einsatz. Weiße entstanden in den 1970er Jahren, Blau-Gesäumte etwa 10 Jahre später. Bezüglich ihrer Eigenschaften entsprechen sie weitgehend der Großrasse, wobei der Bruttrieb etwas stärker ausgeprägt ist. Die Legeleistung variiert zwischen 130 und 150 hellbraunen, mindestens 40 g schweren Eiern.

New Hampshire

New Hampshire, benannt nach dem gleichnamigen US-Bundestaat, werden in ihrer Heimat auch als New Hampshire Red bezeichnet. Der Zusatz Red dient der Verknüpfung mit den Rhode Island Red, also den Rhodeländern als ihrer Ausgangsrasse.

Herkunft und Entstehung: New Hampshire entstanden ab 1915 in den USA durch Selektion von Rhodeländer-Beständen auf Frühreife, große braune Eier und schnelle Befiederung. Sie repräsentieren also letztlich nichts anderes als deren Weiterentwicklung mit noch stärkerer Betonung der Leistungsattribute. Und auch die Ähnlichkeit zu den allgegenwärtigen Braunlegern kommt nicht von ungefähr, denn tatsächlich spielten auf Leistung selektierte New Hampshire und Rhodeländer bei der Erzüchtung dieser Linien seit den 1940er Jahren eine zentrale Rolle. Im Neighbor-Joining bilden alle diese Züchtungen eine distinkte Verwandtschaftsgruppe, in der die Rhodeländer und New Hampshire als Schwesterrassen den verschiedenen Braunleger-Linien gegenüberstehen. Mit ca. 65 % des Chinesischen und 20 % des Braunleger-Clusters zeigen sie einen fast identischen Genpool und gleichzeitig die höchsten Braunleger-Werte aller typisierten Rassen. Das praktisch vollständige Fehlen des Südostasiatischen Clusters bei beiden widerlegt die gängige These, dass rote Malaien maßgeblich an der Entstehung der Rhodeländer beteiligt waren. Nach Europa kamen die New Hampshire kurz nach dem zweiten Weltkrieg, wo sie besonders in Deutschland rasch eine weite Verbreitung fanden und zu einer der beliebtesten Rassen avancierten.

Erscheinungsbild: New Hampshire sind gut mittelgroße, kräftige Hühner mit gerundetem Körperbau und voller, dichter, jedoch nicht sonderlich langer Befiederung. Sie tragen einen mittelgroßen Einfachkamm, haben rote Ohrlappen und gelbe Läufe. Im Hauptfarbenschlag Goldbraun präsentiert der Hahn den typischen Dreiklang aus goldbraunem Halsbehang, etwas dunklerem Sattelbehang und glänzend kastanienbraunen Schultern, akzentuiert von dunkelgrün schillernden Schwanzfedern. Weiße entstanden in Deutschland sowie parallel dazu in den USA während der 1950er Jahre, die in den Niederlanden erzüchteten Goldbraun-Blaugezeichneten kamen in den 1980er Jahren hinzu.

Leistungseigenschaften: Schon kurz nach ihrer Entstehung sollen einige New Hampshire-Hennen 250–280 Eier gelegt haben, für die damalige Zeit ohne modernes Intensivfutter absolute Spitzenwerte. Heute bewegt sich die Leistung der Goldbraunen im Bereich zwischen 180 und 200, die der Weißen zwischen 150 und 220 braunen, 60 g bis maximal 75 g schweren Eiern.

(1+2) Ein prächtiger Stamm weißer New Hampshire und eine Kopfstudie des Zuchthahns.
(3) Eine absolut Rarität sind New Hampshire immer noch im Farbschlag Goldbraun-Blaugezeichnet, wie hier die Hennen.
(4) Zwerg-New Hampshire-Hahn im Farbschlag Weiß.
(5) Die kompakten Zwerg-New Hampshire sind in der Rassegeflügelzucht insbesondere bei den Jungzüchtern beliebt.
(6) Zwerg-New Hampshire-Hahn im Kopfportrait.
(7) Zwerg-New Hampshire im Farbschlag Goldbraun.

Wesenseigenschaften: Charakterlich sind New Hampshire ruhig und wenig flugaktiv, im Auslauf aber gute, umtriebige Futtersucher. Wie die meisten Rassen ihres Typs sind sie von zutraulichem Wesen.

Bruttrieb: Der Bruttrieb kann trotz der intensiven Selektion auf die Legeleistung bei älteren Hennen immer wieder beobachtet werden. Wenn sie glucken, sind sie sehr ruhige und gelassene Mütter, die allerdings oft schon nach 4–5 Wochen den Nachwuchs abnabeln.

Empfehlungen für Zucht und Haltung: Aufgrund ihrer robusten Konstitution, ihrer Frohwüchsigkeit und der guten Futterverwertung stellen New Hampshire keine besonderen Ansprüche an Zucht und Haltung. Wegen ihrer geringen Flugtüchtigkeit sind hohe Umzäunungen nicht notwendig. In der Zucht sollte dem Erhalt der guten Leistungseigenschaften besondere Bedeutung beigemessen werden.

Zwergform: Goldbraune Zwerg-New Hampshire wurden in den 1950er Jahren aus der Großrasse, Zwerg-Welsumern, Zwerg-Wyandotten und Antwerpener Bartzwergen erzüchtet, die Weißen folgten ihnen ca. 10 Jahre später. Zwerg-New-Hampshire legen zwischen 140 und 170 braune, 40 g bis maximal 55 g schwere Eier. Bezüglich ihrer Wesenseigenschaften entsprechen sie weitgehend der Großform, haben aber einen stärker entwickelten Bruttrieb.

Literaturverzeichnis

BDRG (2006): Rassegeflügel-Standard für Europa. Howa Druck & Satz, Nürnberg.

CRAWFORD, R.D. (ed.) (1990): Poultry breeding and genetics. Elsevier, Amsterdam.

DÁVILA, S. G., GIL, M. G., RESINO-TALAVÁN, P. & J. L. CAMPO (2009): Evaluation of diversity between different Spanish chicken breeds, a tester line, and a White Leghorn population based on microsatellite markers. 2009 Poultry Science 88(12):2518–2525. https://doi.org/10.3382/ps.2009-00347. Abgerufen am 14.06.2020.

DÜRIGEN, B. (1885): Die Geflügelzucht, 1. Auflage. Verlag Paul Paray, Berlin.

DÜRIGEN, B. (1910): Die Geflügelzucht, 2. Auflage. Verlag Paul Paray, Berlin.

DÜRIGEN, B. (1921): Die Geflügelzucht. 3. Auflage. Verlag Paul Paray, Berlin.

FISCHER, K. (1980): Bart-Haubenhühner. Geflügel-Börse 6/1980, S. 2-6. Verlag Jürgens, Germering.

GLEICHAUF, R. (1972): Züchtungs- und Vererbungslehre für Geflügelzüchter, 4. Auflage. Verlag Fritz Pfenningstorff, Berlin u. Stuttgart.

GRANEVITZE, Z., HILLEL, J., FELDMAN, M., SIX, A., EDING, H. & S. WEIGEND (2009): Genetic structure of a wide-spectrum chicken gene pool. Animal Genetics. https://doi.org/10.1111/j.1365-2052.2009.01902.x. Abgerufen am 30.01.2018.

HÖCK, R. (2021): Happy Huhn. Vom Vergnügen, glückliche Hühner halten zu dürfen. 2. Auflage. Cadmos-Verlag, München.

KAISER, H.G. (2018): Das Bankivahuhn. Geflügelzeitung 2/2018. HK Hobby- und Kleintierzüchter Verlagsgesellschaft, Berlin.

LÜTTWITZ, M. von (1998). Heimat und Geschichte der Araucana Hühner. Geflügel-Börse 17/1998, S. 2-3. Verlag Jürgens, Germering.

LÜTTWITZ, M. von (2003). Summierende Genwirkung beim Geflügel. Geflügel-Börse 16/2003. Verlag Jürgens, Germering.

MALOMANE, D. K., SIMIANER, H., WEIGEND, A., REIMER, C., SCHMITT, A. O. & S. WEIGEND (2019): The SYNBREED chicken diversity panel: a global resource to assess chicken diversity at high genomic resolution. BMC Genomics (2019) 20:345. https://doi.org/10.1186/s12864-019-5727-9. Abgerufen am 27.01.2020.

OEHLER, K. (1982): Zur Geschichte des Sultanhuhnes. Geflügel-Börse 24/1982, S. 3-5. Verlag Jürgens, Germering.

OSMAN, S. A. M., SEKINO, M., KUWAYAMA, T., KINOSHITA, K., NISHIBORI, M., YAMAMOTO, Y., & M. TSUDZUKI (2006): Genetic variability and relationships of native Japanese chickens based on microsatellite DNA polymorphisms-focusing on the Natural Monuments of Japan. The Journal of Poultry Science 43(1): 12-22, 2006. https://doi.org/10.2141/jpsa.43.12. Abgerufen am 08.08.2022.

PINARD-VAN DER LAAN, M. H., MONVOISIN, J. L., PERY, P., HAMET, N. & M. THOMAS (1998): Comparison of outbred lines of chickens for resistance to experimental infection with coccidiosis (Eimeria tenella). 1998 Poultry Science 77(12):185–191. https://doi.org/10.1093/ps/77.2.185. Abgerufen am 27.06.2022.

ROMANOV, N. M. & S. WEIGEND (2001): Analysis of genetic relationships between various populations of domestic and jungle fowl using microsatellite markers. 2001 Poultry Science 80(8): 1057–1063. https://doi.org/10.1093/ps/80.8.1057. Abgerufen am 07.06.2022.

SASAKI, K. & T. YAMAGUCHI (1970): Onaga-Dori (Long-Tailed Fowl) and their Inharited Studies in Japan. World´s Poultry Science Journal 26.

SCHWARZ, W. (2002): Der große Geflügelstandard in Farbe. Band 2: Zwerghuhnrassen. 5. Auflage. Verlag Oertel + Spörer, Reutlingen.

SCHWARZ, W. & A. SIX (2004): Der große Geflügelstandard in Farbe. Band 1: Hühner – Trutühner – Perlhühner. 7. Auflage. Verlag Oertel + Spörer, Reutlingen.

SIX, A. (2005): Beobachtungen zum Türkischen Huhn. Geflügelbörse. Verlag Jürgens, Germering.

SIX, A. (2018): Hühnerzucht heute. Rasseportäts – Aufzucht- Haltung – Genetik – Vererbung. Verlag Oertel + Spörer, Reutlingen.

SIX, A. & R. HÖCK (2022): Happy Huhn. Das Hühnerrassenbuch für Hühnerhalter und Rassezüchter – Band 1. Cadmos-Verlag, München.

SIX, A. & S. WEIGEND (2003): Genetische Vielfalt – Molekularbiologische Untersuchungen der Verwandtschaftsbeziehungen ausgewählter Hühnerrassen, Teil 2. Geflügelzeitung 5/2003. HK Hobby- und Kleintierzüchter Verlagsgesellschaft, Berlin.

SIWEK, M., WRAGG, D., SŁAWINSKA, A., MALEK, M., HANOTTE, O. & J. M. MWACHARO (2013): Insights into the genetic history of Green-legged Partridgelike fowl: mtDNA and genome-wide SNP analysis. Animal Genetics, 44, 522–532. https://doi: 10.1111/age.12046. Abgerufen am 06.02.2018.

TAKAHASHI, H., NIRASAWA, NAGAMINE, K.Y., TSUDZUKI, M., & Y. YAMAMOTO (1998): Genetic relationships among Japanese native breeds of chicken based on microsatellite DNA polymorphisms. Journal of Heredity 1988, 89(6): 543–546. https://doi.org/10.1093/jhered/89.6.543. Abgerufen am 08.08.2022.

WANDELT, R & J. WOLTERS (1996): Handbuch der Hühnerrassen – Die Hühnerrassen der Welt. Verlag Wolters, Bottrop.

WANDELT, R & J. WOLTERS (1998): Handbuch der Zwerghuhnrassen – Die Zwerghuhnrassen der Welt. Verlag Wolters, Bottrop.

WIEKING, H. J. (1985): Unsere Krüper. Deutscher Kleinter-Züchter 20/1985, S. 8-9. Verlag Oertel + Spörer, Reutlingen.

WRAGG, D., MWACHARO, J. M., ALCALDE, J. A., HOCKING, P. M. & O. HANOTTE (2012): Analysis of genome-wide structure, diversity and fine mapping of Mendelian traits in traditional and village chickens. Heredity (2012) 109, 6–18. https://doi.org/10.5061/dryad.996cr8f0. Abgerufen am 14.06.2020.village chickens. Heredity (2012) 109, 6–18. https://doi.org/10.5061/dryad.996cr8f0. Abgerufen am 14.06.2020.

HÜHNER-SHOP.COM | INFO@HÜHNER-SHOP.COM | HUEHNER_SHOP
HÜHNER-SHOP.COM®
Wir lieben Hühner!
-10%*
AUF UNSER FUTTER SICHERN!
Code: wirliebenhühner
Wir lieben Hühner!
*Nur ein Gutschein pro Person/Haushalt. Keine Barauszahlung. Nicht auf bereits reduzierte Artikel und Sets. Nicht auf Bruteier. Gilt bis zum 31.12.2025. Nicht mit anderen Rabatten kombinierbar.
PFLANZLICHE MILBENABWEHR, HOCHWERTIGE FUTTERERGÄNZUNG & VIEL BUNTES ZUBEHÖR
Mite Fight
Umgebungs-Spray
Happy Huhn Edition
NATURNAHES FUTTER & AUSGEWÄHLTE SNACKS AUS EIGENER HERSTELLUNG